はじめてのトランジスタ回路設計

黒田　徹　CQ出版株式会社　2005

著 者 简 介

黒田　徹

　　　1945 年　生于兵库县

　　　1970 年　毕业于神户大学经济学部

　　　1971 年　进入日本电音株式会社技术部

　　　1972 年　辞职

　　　现　在　黑田电子技研所长

　主要著作

　　　《最新トランジスタ・アンプ設計法》(无线电技术社)

　　　《基礎トランジスタ・アンプ設計法》(无线电技术社)

图解实用电子技术丛书

晶体管电路设计与制作

单管、双管电路以及各种晶体管应用电路

〔日〕 黑田 彻 著

周南生 译

科学出版社

北京

图字：01-2006-0590 号

内 容 简 介

本书是"图解实用电子技术丛书"之一。本书首先对各种模拟电路的设计和制作进行详细叙述；然后利用可在微机上使用的模拟器"SPICE"对设计的结果进行模拟。书中介绍了各种电路印制电路板的实际制作，以及电路特性的测量，并对电路的工作机制进行了验证。

全书分为两部分。第一部分介绍单管和双管电路，主要目的是理解晶体管的基本工作机制。第二部分介绍各种晶体管应用电路，包括矩形波振荡器，射极跟随器，宽带放大器，电子电位器，OP放大器，带自举电路的射极跟随器，Sallen-Key型低通滤波器，带隙型稳压电路，三角波→正弦波变换器，低失真系数振荡器，移相器，串联调节器，斩波放大器等。

本书可供电子电路设计有关专业的工程技术人员、学生参考使用。

图书在版编目(CIP)数据

晶体管电路设计与制作/(日)黑田彻著；周南生译.—北京：科学出版社，2006(2023.1重印)

(图解实用电子技术丛书)

ISBN 978-7-03-017497-0

Ⅰ.晶… Ⅱ.①黑…②周… Ⅲ.晶体管-设计-制作 Ⅳ.TNT10.2-64

中国版本图书馆 CIP 数据核字(2006)第 069771 号

责任编辑：赵方青 崔炳哲 / 责任制作：魏 谨
责任印制：张 伟 / 封面设计：李 力

北京东方科龙图文有限公司 制作

http://www.okbook.com.cn

科 学 出 版 社 出版

北京东黄城根北街 16 号

邮政编码：100717

http://www.sciencep.com

北京建宏印刷有限公司印刷

科学出版社发行 各地新华书店经销

*

2006 年 8 月第 一 版 开本：B5(720×1000)
2023 年 1 月第八次印刷 印张：17 1/2
字数：258 000

定 价：42.00 元

(如有印装质量问题，我社负责调换)

前　言

　　在前些日子总有些不愉快的话题,惟一明快的话题就是计算机降价了。1000 美元的计算机也只是转瞬间的事情。现在 500 美元的计算机也可列入购物计划了。如果将零售的 CPU、存储器、主印制电路板等收集起来进行计算机组装,则性能价格比要比厂家的产品更高。然而遗憾的是,在最新的电子设备中,只是一些看不见实质内容的"黑盒子",计算机的印制电路板也是如此。观察一下印制电路板,能够看到的也只是大规模集成电路(LSI)模块的型号,电路图显然是没有的。

　　在集成电路(IC)出现以前,就连家庭用的电视机都附带有电路图。当时,印制电路板上元器件与电路图上的元器件是一一对应的。所以,每当观察印制电路板时,就会产生想进一步了解电路工作机制的冲动。在现在,可以被称为经验丰富的老一代电子电路工程师,大多是那些以少年时代的这些体验作为契机,而成为电路设计专家的幸运的人。

　　但在今天,人们认为,大部分的电路设计都是将现成的 LSI 进行适当组合的枯燥无味的工作。而且,也缺乏面向业余无线电爱好者和不熟练的硬件工程师的参考书。所以当前复杂的电路是如何从教科书中的基本电路发展而来的,其要领也难以找到。在年轻人的心目中,或许有"电路设计是没有魅力"的想法。其原因是,除非受电路规模的制约,由于 IC 的出现,系统被无止境地扩大化的缘故。但是我不认为现代的大规模电路的设计与分立半导体器件时代的设计有根本的差别。如同公司的组织,首先按工作性质划分成部,而各部门再细分为科室、班组一样,优秀的电子电路具有明确的层次结构。就像是一些大企业,各科的人员有几人至几十人那样,模拟 LSI 的内部电路的终端模块也会由几管至几十管的晶体管组成。因此,关于终端模块的电路设计,在过去与现在都没有根本的差别,终端模块的电路规模大约是 OP 放大器 IC 的内部电路的程度。

因此,如果掌握能设计 OP 放大器那种程度的设计技术,则无论如何复杂的电路都是所向无敌的。那么用什么样的方法来掌握技术呢? 实际上有所谓"一箭双雕"的方法,即在培养技术的同时,也可体会到电路设计的乐趣。其方法就是用分立晶体管实际制作小规模电路。

本书是在融入上述想法而写成的发表于《晶体管技术》1996年 4 月号专刊《7 管晶体管》的基础上,增加了两种由于版面的原因当时没有登载的电路和新制作的 6 种电路。新制作的 6 种电路如下:

- 带隙型稳压电路
- 三角波→正弦波变换器
- 低失真系数振荡器
- 移相器
- 串联调节器
- 斩波放大器

包括增加的电路在内,各种电路都是由 10 管以内的晶体管或分立的 FET 组成。也包含用一部分 OP 放大器和 74HC 型的 CMOS IC 的电路。

以上所列举的所有电路的设计与制作都按下列顺序进行:

① 用 SPICE 对电路工作进行模拟;

② 实际制作印制电路板;

③ 测量特性,并进行工作机制验证。

这次增加的内容特别以负反馈为重点,对于电路的稳定性问题也进行了详细的说明。

低失真系数振荡器的失真系数是在 0.000 1% 以下,具有非常好的实用性。对于"三角波→正弦波变换器"的制作,从理论与实验两方面对差动放大器的失真系数进行了分析。在"斩波放大器"一节中,提出了低频晶体管的模拟和 FET 的开关工作等内容。在附录中,还介绍了印制电路板的简单制作方法。

最后,对各位读者,对在策划和编辑本书过程中给予帮助的小串伸一先生,以及给予再版的 CQ 出版株式会社深表谢意。

黑田　彻

目　　录

第一部分　晶体管的基本特性及
单管、双管电路

第二部分 晶体管应用电路

绪　论

现在制作分立晶体管电路的原因

"唉！为什么？"看过本书标题的各位读者可能都有这种疑问。实际上，在与编辑谈话时我也这么想过。现在还有人用分立半导体器件来组装电路吗？有 OP 放大器还使用分立晶体管，有什么优点吗？

我们的谈话内容，大致是这样的：

"现在的年轻人不喜欢手握电烙铁进行实际制作一些电路之类的麻烦工作。终归是对制作物件没有兴趣。"

可能就是这样的，无论如何，现在的潮流是由硬件转向软件。

谈话继续。"年长的工程师们，从孩童时代开始就喜爱电子方面的工作。按照当时面向初学者的无线电杂志(如《无线电初步》、《无线电的制作》等)上刊登的电路图和实际布线图，自己动手制作各种各样的电路。"

确实如此。我属于顽固的一代，在孩童时代，由于物资匮乏，就曾使用已扔在仓库里的旧真空管制作放大器和收音机。

"是这样的。在那个时期，将 A 杂志刊登的这种电路与 B 杂志刊登的那种电路各取一半进行组合，或者进行各种改装，很自然地就能体会到电路设计的要领。但是，现在的年轻人在少年时代的环境与那时是完全不同的。所以，就连一块印制电路板都没有制作过的人都专门来学习电子学，然后来到公司。因此，将这样的新手分配到模拟电路设计岗位，尽管在计算上没有问题，但实际上可能制作出的电路会不满足工作的要求。于是，他本人就立即失去干劲，变得越来越讨厌模拟电路。"

确实如此，必须立即终止这种恶性循环。

"所以我们才要商量，策划。对于模拟电路一点也没有兴趣的年轻人，包含未设计过模拟电路的人，让他们体会到模拟电路设计

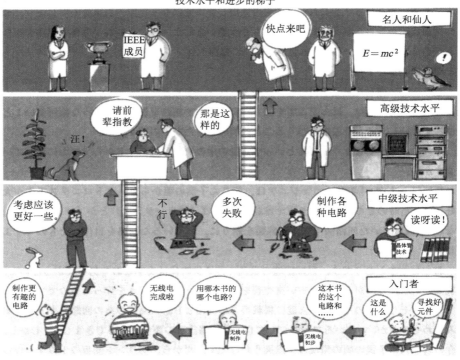

技术水平和进步的梯子

　　的乐趣,进而传授电路设计的要领,或者介绍模拟电路设计中特有
的独到见解和考虑方法。都知道,现在不是分立半导体的时代。
但是,当想使用 OP 放大器时,如果不充分了解其内部电路工作机
制,在成千上万的 OP 放大器中,挑选哪一种 OP 放大器好呢? 可
能连判断能力都没有。

　　好像是走回头路,又一次回到了分立半导体电路上,采取从单
管、双管的基本电路出发,阶梯式地增加管子数量,然后接近于实
用电路的途径。并且,对于不知道分立半导体电路的年轻人,仅用
几个管子就能组装出这样的电路,我想一定有新鲜感。"

　　以上就是那次谈话的大致内容。基于这种考虑,我是非常赞
同的。所以当让我来编写这本书时,我就立即回信表示愿意接受。

0.2　电路设计的乐趣

　　进行电路设计,并实际制作电路的乐趣可以列举如下:
　　(1)思考问题及推敲计划的乐趣。

（2）工作的乐趣。

（3）使完成后的电路进行动作的乐趣。

更为高兴的是，自己设想的点子（idea）的正确性能够得到证明。如果这是谁也没有想过的新奇点子，就能成为专利的对象。如果是价值很高的电路，则发明者将青史留名。

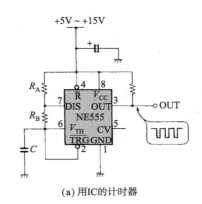

(a) 用IC的计时器

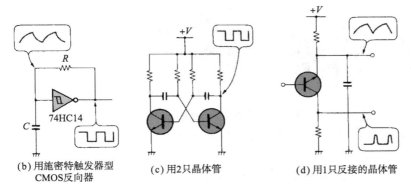

(b) 用施密特触发器型　　　　(c) 用2只晶体管　　　　(d) 用1只反接的晶体管
　　CMOS反向器

图 0.1　晶体管也能实现与 IC 一样的机能

在过去，提出新的电路而产生一个企业的事也并不罕见。众所周知的一个例子就是惠普公司，其创立者 W. Hewlett 和 D. Packard 师从斯坦福大学的 F. E. Terman 教授，开发了有名的"Terman 正弦波振荡器"，并进行商品化，从而奠定了 HP 公司的基础[1]。

0.3　电路进化论

即使极力主张电路设计是有乐趣的，但对于不懂设计要领的人来说，仍如同"望梅止渴"一样。

我是屡经失败才学会了设计方法,为了掌握它花费了很长时间。我不会这样劝你:"只要学习教科书中的分立半导体电路就可以。"电路太古老了。电路是有生命的,所以随着时代的变迁电路也在改变面貌。

学习老电路,在实际中也不起作用。

实际上,学习电路设计最有效的方法是一边考虑电路随时代变化而改变面貌的理由,一边亲自动手设计制作该电路。

很显然,制作从古至今的所有电路是不可能的。为了学习设计的秘诀,没有必要去挑战那么多的电路。其理由是,电路是按照一定的规律而发展的——我称之为电路进化论——只要掌握合乎发展规律的电路就可以了。

电路进化论

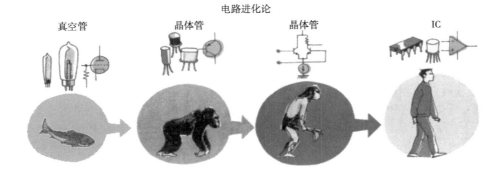

真空管 晶体管 晶体管 IC

称之为"电路进化论"的是下面的一些经验规律:

(1)电路的进化方向是非可逆的。

(2)不合理的电路被淘汰。

(3)如果有源器件(真空管和晶体管等)的主角变换,则电路方式的主角也随之发生变换。

(4)只有能隐匿有源器件的缺点,发挥其优点的电路才能生存下来。

(5)系统一旦灭绝,复活的可能性极低。

(6)革新的电路方式会发生突然的变异。

用这种电路进化论的观点能够很好地说明在过去 30 年间,晶体管电路方式的演变历程。

例如,现在在低频放大电路中是不使用变压器的,其理由是,变压器是真空管及接收机中必须使用的部件,根据规律(3),它被排除了。所以不必深入学习使用变压器的 B 类推挽电路。

相反,从真空管时代到现在都使用差动放大电路和渥尔曼放大电路。其理由是满足了规律(4)的缘故。

另外,舍弃现在的电路而回到 30 年前的老电路,可以说是退步,为什么这么说? 因为它违背了规律(1)。

0.4　　SPICE 模拟的应用

电子电路模拟器 SPICE 对于学习电路设计是非常有用的。常说"一年'数字',十年'模拟'"。意思就是,培养模拟电路技术人员要花 10 年时间。

对于模拟电路,即便倍加注意地进行设计,也总会有一些遗漏,所设计的电路总是很难如设想的那样地进行工作。自然而然地要做多次修改。

因此可以说,培养模拟电路技术人员的 10 年,其大半时间是手握电烙铁的时间。由于使用 SPICE,这个时间能大幅度地缩短。对于设计方法的学习也是同样的。

0.5　　本书编写方针

(1) 对于沿着电路进化论发展而来的电路进行精选,并稍加改造,变成为现代电路。

(2) 应用 SPICE 模拟来理解晶体管的基本工作机理。

(3) 从电路设计阶段开始就使用 SPICE,在所给定的制约条件下,学习以获得更好的特性为目的的模拟电路设计技法。

(4) 明确晶体管模型的模型参数的意义与等效电路的相关性,对 SPICE 模拟器与实际电路的匹配性及差别进行考察。

(5) 实际制作精选后的电路,测量频率特性、脉冲响应和失真系数等,并验证电路设计的正确性。

内容是从"初步的初步"开始的。在电路设计方面需要电磁学、线性电路网络理论、电气数学等很多领域的知识。至于掌握到什么程度就够用,我想,在阅读本书过程中就能作出判断。

0.6　　本书中列举的电路

本书中列举出音频/视频领域的放大电路与振荡(正弦波/矩形波)电路、滤波器等电路。为了能够提出好的(新的电路)电路,应该具有尽可能广泛的兴趣,必须处理各种各样的电路。但是,这些事在掌握一定的电路设计要领之后再做也不晚。

在购买教科书和参考书时,聪明的办法是先啪啦啪啦乱翻一通,选择那些能够理解总体内容 50％的书籍。若一开始就购买高水平的书,其下场是中途放弃。进行电路设计也是一样,最好的办法是从最容易的部分开始,再加一把劲,然后达到水平逐步提高的目的。

在本书中,将全书分为下述两部分:

□第一部分　单管、双管电路

▷目的……理解晶体管的基本工作机制

• 单管电路……进行工作点稳定化

• 双管电路……改善输入阻抗/输出阻抗/失真系数等,理解各种基本特性

○第 1 章　晶体管的基本特性

• PN 结二极管的特性

• 晶体管的种类和结构

• 晶体管的特性小结

• 晶体管的温度特性

• 晶体管的最大额定值

○第 2 章　单管电路

• 基本的共射极电路,列举两例

• 共集电极电路

• 巴特沃思特性高通滤波器

• 双 T 型正弦波振荡器

• 雪崩型脉冲振荡器

○第 3 章　双管电路

• 反相放大器

• 非反相放大器

• 2 级射极跟随器

□第二部分　晶体管的应用电路

○第 4 章　3～5 管电路

▷目的……理解 OP 放大器类型放大器的工作机制,根据所使用的正负电源简化偏置电路,射极跟随器的低失真系数化,设计

宽带放大器

　△用 3 管制作的电路

　·3 管射极跟随器

　·由 3 管组成的 OP 放大器

　·3 管 OP 放大器的应用例子(矩形波振荡器)

　△用 4 管制作的电路

　·4 管宽带放大器

　·4 管电子电位器

　·带有自举电路的射极跟随器

　·4 管低通滤波器

　△用 5 管制作的电路

　·5 管 OP 放大器

　·维恩电桥型正弦波振荡器

　○第 5 章　6 管以上的电路

　▷目的……输出电流的增大,导入电流镜像电路和稳流电路,导入 FET,折叠的渥尔曼电路等。

　△由 6～12 管制作的电路

　·6 管低失真系数射极跟随器

　·高速宽带 OP 放大器

　·大输出电流 OP 放大器

　　⋮

全书结构如上。那么,现在就开始进入电路设计的世界吧!

第一部分

晶体管的基本特性及
单管、双管电路

第1章
晶体管的基本特性

翻开一本电路设计的教科书,若首先读到的就是连续几页有关半导体物理方面的论述,很容易就产生一种厌烦的情绪。所以本书中省略了这些内容,主要对从半导体外部可以测试到的电压和电流的关系进行简明的总结。

在对电路设计不断熟悉的过程中,自然就会涌现出一种想要详细地了解在半导体内部所发生的各种现象的愿望。在这个阶段再重新学习半导体物理,将会事半功倍。

1.1 PN 结二极管的结构和特性

1.1.1 基础知识

1. 杂质决定半导体的特性

许多半导体可以通过在高纯度的硅单晶里掺入极少量元素周期表中Ⅲ族和Ⅴ族元素的方法制得。所掺入的元素被称为杂质,该杂质的分布形状和浓度决定了半导体的特性。

2. P 型区和 N 型区

在硅晶体内部,Ⅲ族杂质元素多的部分称为 P 型区域,Ⅴ族杂质元素多的部分称为 N 型区域。

3. 二极管的结构

通常,被称作"二极管"的半导体器件,按其结构的不同可以分为许多种类。经常使用的且与晶体管工作有密切关系的是"PN 结二极管"。

如图 1.1 所示,PN 结二极管是由 P 型区和 N 型区构成的,在 P 型区与 N 型区的交界处形成称作"PN 结"(PN junction)的界面层。

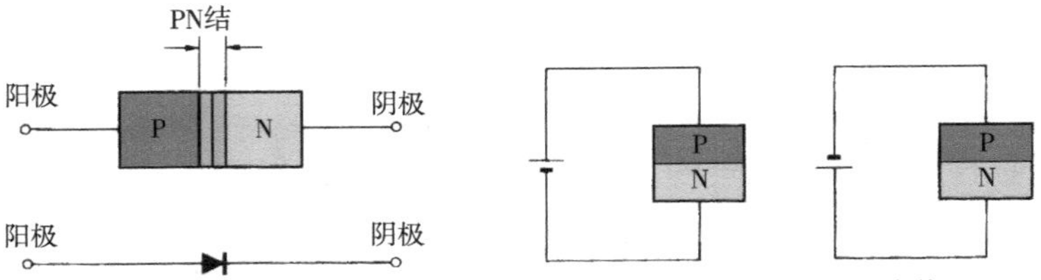

PN结

阳极 **P** **N** 阴极

阳极 阴极

(a)结构模型和符号   (b)正向偏置   (c)反向偏置

图 1.1 PN 结二极管的结构和偏置状态

4．二极管的端子名称

从 PN 结二极管 P 型区的一端引出阳极端子,而从 N 型区的一端引出的则是阴极端子。

5．正向偏置

在二极管阳极端加上相对于阴极为正的电压,则如图 1.1(b)所示,在 P 型区加上相对于 N 型区为正的电压称为正向偏置。

6．反向偏置

与上述情况相反,如图 1.1(c)所示,在 P 型区加上相对于 N 型区为负的电压,称为反向偏置。

1.1.2 电特性

如图 1.2(a)所示,当将直流电压源 V_S 接到二极管上时,让 V_S 的电压从负到正缓慢地变化(称为扫描),若 V_S 小于 0.5V,则二极管上流过的电流 I_D 很微弱,但是若 V_S 超过 0.5V,则如图 1.2(b)所示,I_D 非线性地增大。

在图 1.2(b)中,在 $V_S < 0.5V$ 的范围内可以认为 $I_D = 0$,但将 Y 轴的尺度放大则可看出,虽然是很微弱,也仍有电流 I_D 在流动 (图 1.2(c))。

当信号源电压 V_S(即二极管电压 V_D)朝负方向增加时,如图 1.2(c)所示,二极管电流 I_D 在某个值达到饱和,且不会再超过该值,称该电流值为饱和电流 I_S。

饱和电流 I_S 的值非常小,通常是 $10^{-16} \sim 10^{-10}$ A 左右。但是,饱和电流 I_S 是非常重要的参数。实际上,二极管电压 V_D 与电流 I_D 有如下面的关系:

$$I_D = I_S \left[\exp\left(\frac{q}{kT} V_D\right) - 1 \right] \tag{1.1}$$

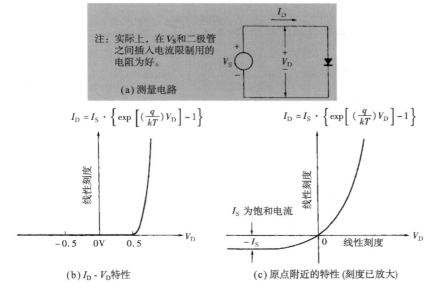

图 1.2　PN 结二极管的电压-电流特性

式中，I_S 为饱和电流；q 为电子电荷(1.602×10^{-19} C)；k 为玻尔兹曼常数(1.38×10^{-23} J/K)；T 为 PN 结部分的绝对温度，绝对温度的单位是 K，0℃ = 273.15K

式(1.1)表示 I_D 与 V_D 的关系近似地服从指数函数的关系。式(1.1)中的(q/kT)是非常重要的常数，其值为：

$$q/kT \approx 38.7 (T = 300\text{K 时}) \tag{1.2}$$

在 $T = 300$K，即 27℃ 时 q/kT 约为 38.7。另外，在 290K(约17℃)时，$q/kT \approx 40$。V_D 每增加 1/40V (即 25mV)，I_D 约增加 2.7 倍。

1.1.3　SPICE 模拟

式(1.1)是理想 PN 结二极管的数学表达式，对于实际的二极管也适用。清单 1.1 是对图 1.2(b)所示二极管特性进行模拟的 SPICE 电路文件(也称为电路文件或网络表)。

清单 1.1 中，二极管模型 DNORM 的参数 IS(即 I_S)是饱和电流，1E−14 表示 1×10^{-14} A。该表示法与 C 语言等的实数型常数表示法相同。模拟结果示于图 1.3。

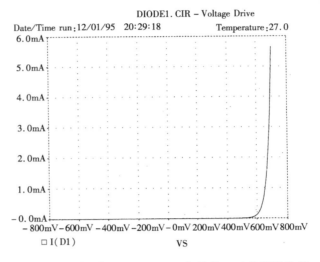

图 1.3 电路文件"DIODE1. CIR"(清单 1.1)的解析结果

其实,图 1.3 是与图 1.2(b)一样的曲线。是用 Probe 的图像放大菜单,在 $V_S = 600\text{mV}$ 附近进行放大,则能够证明 V_S 每增加 25mV,I_D 就增大 2.7 倍。

以上是用电压源对二极管进行驱动后的情况,也可以用电流源对二极管进行驱动(图 1.4)。该电路文件示于清单 1.2。图 1.4 中的电流源 I_{sig} 的箭头方向表示 I_{sig} 具有正值时电流的流动方向。图 1.4 的模拟结果表示在图 1.5 中。由图可知,即使 I_{sig} 大幅度地变化,V_D 仍在 $500\sim700\text{mV}$ 的范围内。

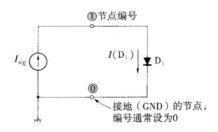

```
DIODE1.CIR - Voltage Drive

VS 1 0 DC 1V
D1 1 0 DNORM
.DC VS -0.8V 0.7V  0.004V
.MODEL DNORM D(IS=1E-14)
.PROBE
.END
```

清单 1.1 用电压源来驱动二极管后的 DC 解析的电路文件

图 1.4 用电流源 I_{sig} 驱动 PN 结二极管($I_{sig} > 0$)

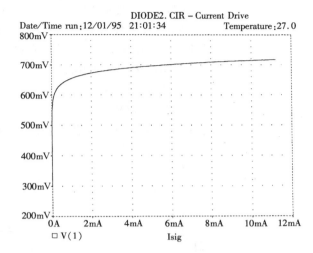

```
DIODE2.CIR - Current Drive

Isig  0 1 DC 1A
D1 1 0 DNORM
.DC DEC Isig 1nA 10mA 20
.MODEL DNORM D(IS=1E-14)
.PROBE
.END
```

清单 1.2　用电流源来驱动二极管后的 DC 解析的电路文件

图 1.5　电路文件"DIODE2、CIR"（清单 1.2、图 1.4）的解析结果

　　另外,也可看出,图 1.3 与图 1.5 中的曲线不过是将 X 轴与 Y 轴交换之后的曲线。也就是说,用电流源驱动时式(1.1)也成立。

　　这种情况,与不论是用电压源驱动电阻,还是用电流源驱动电阻,欧姆定律($V=IR$)都成立的道理是一样的。

　　对于二极管,不论是用电压源驱动还是用电流源驱动,甚至用任何电路来驱动,式(1.1)都成立。

1.2　晶体管的种类、结构、特性及工作机制

1.2.1　种类与结构

1. BJT 和 FET

对晶体管进行大致分类,可以分为下述两种类型:

(1) 双极型晶体管(Bipolar Juction Transistor,BJT);

(2) 场效应晶体管(Field Effect Transistor,FET)。

在本书中将前者简单地称为晶体管,将后者称为 FET。从第 1 章到第 4 章所述电路中不使用 FET,关于 FET,在第 5 章进行说明。

2. NPN 和 PNP

进一步可以把晶体管划分为如下两种:

(1) NPN 型晶体管;

（2）PNP 型晶体管。

NPN 型晶体管如图 1.6 所示,是由 N 型区、P 型区、N 型区构成的半导体结构,各个区域分别称为:

- 集电区(Collector)
- 基区(Base)
- 发射区(Emitter)

然后,分别从各区引出集电极端子、基极端子、发射极端子。

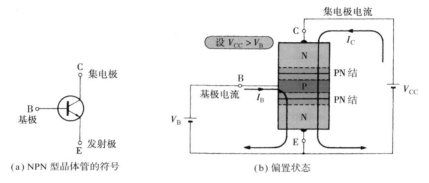

(a) NPN 型晶体管的符号　　　　　(b) 偏置状态

图 1.6　NPN 型晶体管的结构和偏置状态

如图 1.7 所示,PNP 型晶体管由 P 型区、N 型区、P 型区组成。各区的名称及端子的名称与 NPN 型晶体管相同。

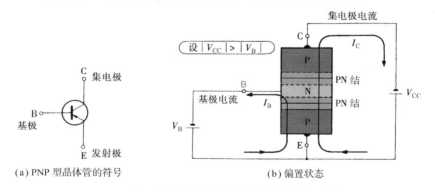

(a) PNP 型晶体管的符号　　　　　(b) 偏置状态

图 1.7　PNP 型晶体管的结构和偏置状态

NPN 型晶体管与 PNP 型晶体管的区别,在电路图形符号中是用发射极箭头的方向来判断的。在一般的使用状态下,箭头的方向表示的是发射极电流流动的方向。

3. 发射结和集电结

与二极管一样,在晶体管内部的 P 型区与 N 型区的边界形成
PN 结。因此,称在发射区与基区边界形成的 PN 结为发射结。称
在集电区与基区的边界形成的 PN 结为集电结。

4. PN 结的偏置状态

晶体管可以作为放大器和开关器件来使用,在作为放大器使
用时,通常连接成如下的偏置状态:

- 发射结正向偏置
- 集电结反向偏置

正向偏置、反向偏置的意义如同在二极管中说明过的一样。
因此,对于 NPN 型晶体管,电源电压的施加方式如图 1.6 所示,
而对于 PNP 型晶体管则如图 1.7 所示。

在实际的电路中,还加有负载电阻(其意义在稍后说明)和其
他元件。为了理解晶体管的基本性质,用图 1.6 所示电路即可。
图 1.6 与图 1.7 的区别,仅仅是将各个电流及电压的极性变成相
反而已,所以在下面,仅对图 1.6 所示电路加以研究。

5. 晶体管工作的 SPICE 模拟

理解晶体管工作的最好办法是自己组装在数据手册中记载的
特性测量电路,并测量其特性。但是,制作一个没有实用价值的电
路是一件非常枯燥无味的工作。

因此,在本书中由 SPICE 模拟来代替。首先,将最先进行模
拟的电路示于图 1.8 中。

晶体管 Q_1 的集电极直接连接到电源电压 V_{CC}。为了发射结接
成正向偏置,在基极-发射极间连接上 0.5~0.7V 左右的偏置电压
VB_{bias}。该测试电路的电路文件(TR_TESTI. CIR)示于清单 1.3 中。

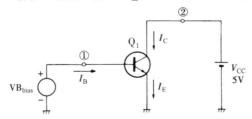

注:电流的箭头表示正方向(在 SPICE 中,I_E 的方向与本图相反)

图 1.8　NPN 型晶体管的静态特性测量电路

```
TR_TEST1 - IB vs VBE, IC vs VBE, IC vs IB..
*
* Test circuit for the understanding of
* Bipolar Junction Transitor's operation.
*
Vcc     2 0 dc 5V  ; Supply Voltage
VBbias 1 0 dc 1V   ; VBE = VBbias
Q1      2 1 0 QNORM
.MODEL QNORM NPN (IS=1E-14 BF=100)
.DC VBbias  0.5V 0.7V 0.002V
.PROBE
.END
```

清单 1.3 图 1.8 的电路文件

清单 1.3 的晶体管模型 QNORM 中的 IS 是在二极管部分已经介绍过的称为"饱和电流"的参数。

在 SPICE 的 DC 解析中，Q_1 的基极-发射极间电压 VBE（＝VB_{bias}）在 0.5～0.7V 的范围进行扫描。此时，基极电流 I_B 和集电极电流 I_C 如图 1.9 所示那样进行变化。虽然 I_B 曲线与 I_C 曲线完全重叠，但是，I_B 的 Y 轴刻度为 0～60μA，而对于 I_C，Y 轴的刻度为 0～6mA，所以 I_B 与 I_C 的值有 100 倍之差。即 I_C 与 I_B 成正比，公式 $I_C=100I_B$ 成立。

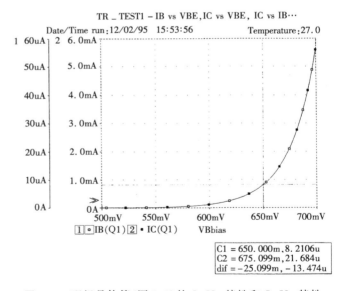

图 1.9 理想晶体管（图 1.8）的 I_B-V_{BE} 特性和 I_C-V_{BE} 特性

比例系数为 100 的理由是因为在清单 1.3 中，将 100 代入到 Q_1 的模型参数 BF 中的缘故。该 BF 的"B"代表的是希腊字母 β，

"F"是 Forward 的首字。BF 即 β_F，该参数被称为"正向电流放大率"。

　　通常，晶体管若在发射结正向偏置，且集电结反向偏置的状态下使用，则 I_C 随着 I_B 的变化成正比地变化。因此，将直流集电极电流 I_C 用直流基极电流 I_B 来除的值称为"直流电流放大率 h_{FE}"，即

$$h_{FE} \equiv \frac{I_C}{I_B} \qquad (1.3)$$

　　在 SPICE 中的 BF 是与该 h_{FE} 相当的参数(严格地说，两者是不同的概念，但在现阶段，可认为 $h_{FE} = BF$)。符号"$\equiv$"的意思是"被定义为……"。所以，式(1.3)表示 h_{FE} 被定义为 I_C/I_B。

晶体管的型号

　　晶体管的型号和标准登载在 JEIA 中，它是依据 JEITA((日本)社团法人电子情报技术产业协会)的标准 ED-4001"分立半导体器件的型号"中的晶体管型号来决定的。与 NPN 型/PNP 型，高频用/低频用相对应，将型号分为下面 4 种：

　　2SA□□□□……PNP 型的高频用
　　2SB□□□□……PNP 型的低频用
　　2SC□□□□……NPN 型的高频用
　　2SD□□□□……NPN 型的低频用

　　在□□□□中加入从 11 开始的序号。高频用与低频用的区别并不太严格，在低频放大器中也能用 2SA 型和 2SC 型的晶体管。

　　在晶体管内部，由于基区-发射区界面是与二极管相同的 PN 结，所以由晶体管的基区流向发射区的电流即基极电流 I_B 与基极-发射极间的电压 V_{BE} 的关系同式(1.1)一样。模拟的结果如图 1.9 所示。

　　• 在 $V_{BE} = 650\text{mV}$ 处，$I_B = 8.2106\mu\text{A}$；
　　• 在 $V_{BE} = 675.099\text{mV}$ 处，$I_B = 21.684\mu\text{A}$。

所以，相对于 V_{BE} 增加 25mV，I_B 就增加约 2.7 倍。总之，I_B 是 V_{BE} 的指数函数，实际上，I_B 与 V_{BE} 的关系近似地遵守下式：

$$I_B = \frac{I_S}{h_{FE}} \exp\left[\left(\frac{q}{kT}\right)V_{BE}\right] \qquad (1.4)$$

式中，I_S 为饱和电流。

从集电极电流 I_C 与基极-发射极间电压 V_{BE} 的关系式(1.3)和(1.4),可得下式近似成立:

$$I_C = I_S \exp\left[\left(\frac{q}{kT}\right)V_{BE}\right] \tag{1.5}$$

6. I_B、I_C、I_E 的关系

如果晶体管各端子的电流方向以实际电流流动的方向为正方向,则不管是 NPN 型还是 PNP 型,下式成立:

$$I_E = I_B + I_C \tag{1.6}$$

7. I_C-V_{CE} 特性

图 1.10 所示电路是在 I_B 固定的状态下,使集电极-发射极间电压 V_{CE} 发生变化时,观察 I_C 如何变化的电路。I_B 从 0 到 40μA,以 10μA 为步进量进行变换(清单 1.4),则可以得到图 1.11 所示特性图。称此图为"I_C-V_{CE} 特性"或者"共射极的输出静态特性"。在由清单 1.4 的电路文件(IC_VCE.CIR)规定的理想晶体管中,如图 1.11 所示,当 $V_{CE} > 0.2V$ 时,各特性是水平形状的。就是说集电极电流与 V_{CE} 没有关系。

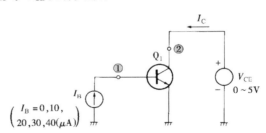

图 1.10 I_C-V_{CE}特性测量电路

```
IC_VCE.CIR - Test Circuit
*
*    IC versus VCE
*
IB   0 1    DC 1A
Q1   2 1 0  QNORM
VCE  2 0    DC 1V

.MODEL QNORM NPN (IS=1E-14 BF=100)
.DC VCE 0V 5V 0.01V IB  0 40U 10U
.PROBE
.END
```

清单 1.4 图 1.10 的电路文件

在实际的晶体管中,特性曲线不完全是水平的,有一些正的斜率。这是由于称为"厄利效应"的物理现象引起的结果。

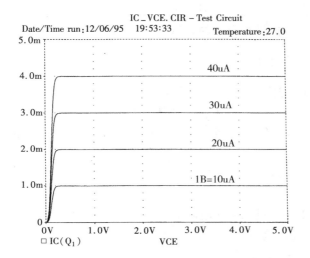

图 1.11　清单 1.4 的解析结果（I_C-V_{CE}特性，参考图 1.10）

对于 SPICE，可以根据称为厄利（Early）电压（VA 或者 VAF）的模型参数给出数值的方法，使得 I_C-V_{CE} 关系曲线具有与实际的晶体管相类似的斜率。但在现阶段，可以认为"I_C 与 V_{CE} 无关"。

在对实际制作的电路进行模拟时，应给出 VAF，进行更为正确的模拟。

1.2.2　基本特性

（1）为了用晶体管进行放大，可采用

- 发射结正向偏置
- 集电结反向偏置

（2）集电极电流与基极电流成正比（见式（1.3））。

（3）基极电流是 V_{BE} 的指数函数（见式（1.4））。

（4）集电极电流是 V_{BE} 的指数函数（见式（1.5））。

（5）$I_E = I_B + I_C$（见式（1.6））。

（6）集电极电流与 V_{CE} 无关。

（7）当处于上述（1）的偏置状态时，基极-发射极间电压约为 0.6V。

另外，式（1.3）～式（1.6）不只是针对图 1.8 所示的测试电路，只要是处于上述（1）的偏置状态的电路，式（1.3）～式（1.6）一定成立。

在计算 h_{ie} 和 g_m 时要用式（1.4）和式（1.5），这两个参数是在计算放大电路的增益时使用的参数。但没有必要对这些式子进行记忆。在 SPICE 模拟器中，已预先装入了这些式子（更精密的式子），SPICE 能进行自动的计算。

1.2.3 温度特性

如上所述，晶体管的端子电压与端子电流的关系受饱和电流 I_S 与直流电流放大率 h_{FE} 的支配。然而，麻烦的是 I_S 的值和 h_{FE} 的值都随温度而有很大的变化。虽然 SPICE 的温度解析（. TEMP）要考虑到 I_S 与 h_{FE} 随温度的变化关系再作出计算 。因此在作为晶体管的模型参数之一的 XTB 中，使用者必须预先代入适当的值。

XTB 是决定 h_{FE} 的温度关系大小的参数，如将绝对温度为 T 时的 h_{FE} 表示为 $h_{FE}(T)$，则温度从 T_1 变化到 T_2 时，处于 T_2 的 h_{FE} 可由下式计算：

$$h_{FE}(T_2) = h_{FE}(T_1)\left(\frac{T_2}{T_1}\right)^{XTB} \tag{1.7}$$

由于 SPICE 的 BF 是 $T=300K$ 时的 h_{FE}，所以在温度为 T_2 时的 h_{FE} 为：

$$h_{FE}(T_2) = BF\left(\frac{T_2}{300}\right)^{XTB} \tag{1.8}$$

因此，SPICE 使用这个 $h_{FE}(T_2)$ 进行温度解析。

XTB 值随晶体管型号的不同而多少有些不同，但大部分晶体管是 1～2 左右。XTB 的值很容易由厂家的数据手册中记载的 h_{FE} 特性图推算出来。例如，对于东芝的 2SC1815，可从图 1.12 得到

- $T_1=248K$ 时，$h_{FE}(248)=100$
- $T_2=373K$ 时，$h_{FE}(373)=200$

所以，将这些数值代入式（1.7），对 XTB 求解式（1.7），则得 XTB=1.7。

在电路文件或库文件中，如果忘了代入 XTB 的值，则 SPICE 就使用既定的值 XTB=0 来进行解析。此时，h_{FE} 与温度无关，为一定值（BF）。这种情况是没有反应出实际晶体管的温度特性的模拟，所以是不希望的。

由温度引起的饱和电流的变化，SPICE 会自动地进行，即 I_S 随温度的变化而指数性地增大，温度上升 1℃，I_S 大约增加 15％。换言之，温度每增加 1℃，I_S 增大 2 倍。

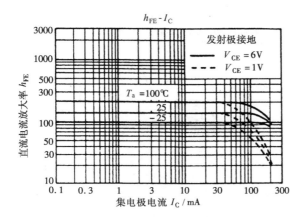

图 1.12　2SC1815 的 h_{FE}-I_C 特性［(株)东芝,小信号增幅用トランジスタ・データブック,1988 年版,p.363］

I_S 与温度有关系,给 I_B-V_{BE} 特性及 I_C-V_{BE} 特性带来很大影响。对此,用 SPICE 来证实一下。对于图 1.8 所示电路的电路文件(清单 1.3)进行清单 1.5 那样的修正,然后进行温度解析,则可得图 1.13 所示的结果。

```
TR_TEST2 - IB vs VBE, IC vs VBE, IC vs IB...
*
* Test circuit for the understanding of
* Bipolar Junction Transitor's operation.
*
Vcc     2 0 dc 5V   ; Supply Voltage
VBbias  1 0 dc 1V   ; VBE = VBbias
Q1      2 1 0 QNORM

.MODEL QNORM NPN (IS=1E-14 BF=100 XTB=1.7)
.TEMP 0 25 50 75 100
.DC VBbias  0.4V 0.8V 0.002V
.PROBE
.END
```

清单 1.5　在图 1.8 的电路文件(清单 1.3)中增加温度解析(注意:XTB=1.7)

结果表示,I_C-V_{BE} 曲线以及 I_B-V_{BE} 曲线几乎都随温度的上升而向左平行移动。

另外,温度的数值是摄氏(℃)温度。在图 1.13 中,I_C 保持一定时,温度上升到 100℃,V_{BE} 约减小 170mV。即 V_{BE} 的温度系数约为 -1.7mV/℃。通常,晶体管的 I_C 保持一定,则不论是 PNP 型还是 NPN 型的晶体管,$|V_{BE}|$ 显示出约 -2mV/℃ 的温度系数。

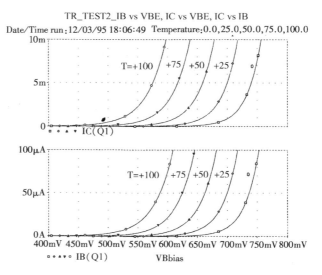

图 1.13 "TR_TEST2.CIR"(清单 1.5)的解析结果

1.2.4 最大额定值

在晶体管中,设定有最大额定值(也称为绝对最大额定值)。当超过最大额定值使用时,会导致晶体管暂时地损坏或者不能恢复的损伤。

作为例子,将 2SC1815 的最大额定值表示在图 1.14 中。

1. 耐 压

集电极-基极间电压 V_{CBO} 是在发射极开路状态下,加在集电极-基极间的最大电压。集电极-发射极间电压 V_{CEO} 是在基极开路状态下,加在集电极-发射极间的最大电压。

电源电压不允许超过 V_{CEO}。通常,会给出容限,将电源电压设定在 V_{CEO} 的 70% 以下。

关于 V_{CBO} 与 V_{CEO},一般有下面的关系:

$$|V_{CBO}| \geqslant |V_{CEO}|$$

晶体管的耐压必须考虑 V_{CEO},所以耐压仅由 V_{CEO} 来表示时 (CQ 出版(株)的《最新トランジスタ规格表》等),将电源电压控制在 V_{CEO} 的 50% 以下就没有问题。

虽然不太受重视,但发射极-基极间电压 V_{EBO}(在集电极开路时,能加在发射极-基极间的最大电压)是很重要的。在稍后说明其理由,在进行晶体管电路设计时,有没有考虑到 V_{EBO},这是专业与业余的差别。

2SC1815——

硅 NPN 外延型晶体管 (PCT 方式)

○ 低额电压放大用
○ 激励级放大用

特　点

- 耐高压且电流容量大。

  $: V_{CEO} = 50V(最小), I_C = 150mA(最大)$

- 直流电流放大率的电流依存性好。

  $: h_{FE(2)} = 100(标准) V_{CE} = 6V, I_C = 150mA$

  $: h_{FE}(I_C = 0.1mA)/h_{FE}(I_C = 2mA) = 0.95(标准)$

- 适用于 $P_O = 10W$ 放大器的驱动器以及一般的开关电路
- 进行噪声电压的管理: $NF = 1dB(标准)(f = 1kHz)$
- 与 2SA1015 相互补(O,Y,GR 挡)

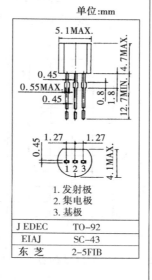

单位:mm

J EDEC	TO—92
EIAJ	SC—43
东 芝	2—5FIB

1. 发射极
2. 集电极
3. 基极

最大额定值 (T_a=25℃)

项　目	符　号	额定值	单　位
集电极 – 基极间电压	V_{CBO}	60	V
集电极 – 发射极间电压	V_{CEO}	50	V
发射极 – 基极间电压	V_{EBO}	5	V
集电极电流	I_C	150	mA
基极电流	I_B	50	mA
集电极损耗	P_C	400	mW
结温	T_j	125	℃
贮存温度	T_{stg}	$-55 \sim 125$	℃

电特性 (T_a=25℃)

项　目	符　号	测量条件	最小	标准	最大	单位
集电极截止电流	I_{CBO}	$V_{CB} = 60V, I_E = 0$	—	—	0.1	μA
发射极截止电流	I_{EBO}	$V_{EB} = 5V, I_C = 0$	—	—	0.1	μA
直流电流放大率	$h_{FE(1)}$ (注)	$V_{CE} = 6V, I_C = 2mA$	70	—	700	
	$h_{FE(2)}$	$V_{CE} = 6V, I_C = 150mA$	25	—	—	
集电极–发射极间饱和电压	$V_{CE(sat)}$	$I_C = 100mA, I_B = 10mA$	—	0.1	0.25	V
基极 – 发射极间饱和电压	$V_{BE(sat)}$	$I_C = 100mA, I_B = 10mA$	—	—	1.0	V
过渡频率	f_T	$V_{CE} = 10V, I_C = 1mA$	80	—	—	MHz
集电极输出电容	C_{ob}	$V_{CB} = 10V, I_E = 0, f = 1MHz$	—	2.0	3.5	pF
基极扩展电阻	$r_{bb'}$	$V_{CB} = 10V, I_E = -1mA,$ $f = 30MHz$	—	50	—	Ω
噪声系数	NF	$V_{CB} = 6V, I_C = 0.1mA,$ $f = 1kHz, R_g = 10k\Omega$	—	1.0	10	dB

注: $h_{PE(1)}$ 的分类为 O:70 ~ 140, Y:120 ~ 240, GR:200 ~ 400, BL:350 ~ 700

TOSHIBA

图 1.14　2SC1815 的最大额定值和电特性

[(株)东芝,小信号增幅用トランジスタ・データブック,1988 版]

2. 容许功率损耗

集电极损耗 P_C 是由下式定义的消耗功率:

$$P_C = V_{CE}I_C \tag{1.9}$$

容许集电极损耗随周围温度而下降(图 1.15)。所谓周围温度 T_a,是指放置晶体管的环境温度,所以也可称之为环境温度。

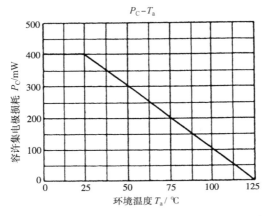

$P_C - T_a$

容许集电极损耗 P_C/mW

环境温度 T_a/℃

图 1.15　2SC1815 的容许集电极损耗〔(株)东芝,小信号增幅用トランジスタ・データブック,1988 年版〕

表 1.1　2SC1815 的 h_{FE} 分挡

分挡	h_{FE}
O	70～140
Y	120～240
GR	200～400
BL	350～700

结温 T_j 是 PN 结处的温度。由于晶体管的自身发热,一定 $T_j > T_a$。结温 T_j 可由下式算出:

$$T_j = T_a + \theta P_C \tag{1.10}$$

式中,T_a 为环境温度;θ 为热阻;P_C 为集电极损耗。

晶体管热阻是表示在晶体管内部消耗 1W 电功率时,结温上升了多少度的一个参数。热阻 θ 可由图 1.15 算出。即 θ 是图中 25～125℃ 的直线斜率的倒数:

$$\theta = \frac{125 - 25}{0.4} = 250(℃/W) \tag{1.11}$$

因此,如果 $V_{CE} = 5V$,$I_C = 2mA$,则

$$T_j = T_a + \theta P_C \tag{1.12}$$

$$= T_a + \theta V_{CE}I_C \tag{1.13}$$

$$= T_a + 250 \times 5 \times 2 \times 10^{-3}$$

$$= T_a + 2.5(℃)$$

T_j 的最大额定值是 125℃,所以该电路能够使用的最高环境温度为 125℃。但是,晶体管的故障率随 T_j 增加而增加。所以一般不希望 T_j 超过 100℃。

指数函数 exp(x)

指数函数 $\exp(x)$,e^x 表示讷皮尔(Napierian)数 $e = 2.71828\cdots$ 的 x 次方。在

电子学中,在真空管时代,由于 e 作为电压的符号(现在使用 v 或 V 表示)使用,即便在现在,也有将 e 作为电压符号使用的情况。e 还有晶体管的发射极字首的意思,所以为了避免混同,将指数 e^x 表示成 exp(x)为好。

1.2.5 h_{FE} 的分散性

h_{FE} 是分散性非常大的参数,即使是同样型号的晶体管,h_{FE} 最小值与最大值之比也有 5~10 倍。因此,半导体厂家允许分散性范围在 1~2 倍左右。对 h_{FE} 进行测量并按组进行分类,称此为分档。例如,2SC1815 可以分成表 1.1 所示的 4 挡。

表示挡次的字母(O、Y、GR、BL)印在分立半导体器件的管壳边上或下面。

表示挡次的符号,不同的半导体厂家有不同的表示方法。例如日立制作所的晶体管,从 h_{FE} 小的开始分挡,表示成Ⓐ、Ⓑ、Ⓒ…

第 2 章
单管电路的设计与制作

2.1.1　学习"老古董电路"的理由

图 2.1 表示的是最简单的低频放大器。在以前的教科书中，一定是被最先提出的电路。但不仅在今天，即使在过去，该电路实际上也几乎不使用。可以说是"老古董电路"，之所以提出该电路是由于以下的理由：

① 将直流作用与交流作用分别进行分析。能够学习模拟电路特有的传统手法。

② 学会负载的概念。

③ 能体会到使用等效电路的优点。

④ 该电路的缺点是明显的，但它对电路的进化有贡献。

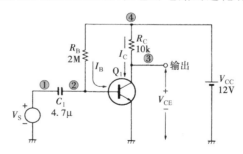

图 2.1　最简单的单管放大器

2.1.2　将电流变化变成电压变化

在前面已提到的图 1.8 所示电路，在广义上说也是放大器。之所以如此，是因为一旦使 VB_{bias} 发生变化，集电极电流 I_C 也随之发生变化。因此,如将 I_C 的变化作为输出而取出,这就是很了不起的输出电流。

但是,在模拟放大电路中,为了在许多放大器之间传递信号,通常不是以"电流"而是以"电压"的形式来传递信号的。因此,为了将图 1.8 电路做成实用的放大电路,必须将 I_C 的变化变成电压的变化。进行这种变换的是图 2.1 中的 R_C。称该 R_C 为集电极负载电阻。

2.1.3　用正弦波进行研究

在图 2.1 所示放大器中,假设输入信号是声音。由于实际的声音信号具有复杂的波形。所以对于放大器的工作解析是不适宜的。因此通常将单一的正弦波电压 V_S 作为输入信号来分析电路的工作机理。

即使是非常复杂的信号,按照傅里叶变换都能把它们分解为正弦波形状(正弦波及余弦波)的信号的集合。这虽然有些简单化,但也合情合理。

2.2　直流工作解析

2.2.1　"直流工作"的概念

研究放大器工作机理的传统手法是先将直流工作与交流工作分开,然后确定(计算)直流工作点。

所谓直流工作是假定交流信号电压 V_S 为 0 时的工作情况,也可以称为无信号时直流工作。

在直流工作时,由于在电容器上没有流过电流,所以有没有电容(以下以 C 表示)都是相同的。因此,在直流工作解析中,都将电路的所有 C 拆除,称此为开路去除。

2.2.2　确定所用的晶体管

下面确定所用的晶体管。在这里先确定使用 $h_{FE}=100$ 的理想晶体管。

2.2.3　确定集电极电流

接着确定 I_C,从图 2.1 可知,对于 I_C 与 V_{CE},下式成立:

$$V_{CC} = V_{CE} + R_C I_C \qquad (2.1)$$

在这里,确定 I_C,使得集电极-发射极间电压 V_{CE} 为电源电压 V_{CC}($=12V$)的 $1/2$。为什么取作 $1/2$,其理由在后面进行说明。

如强制性地令 $V_{CE} = 6V$,$R_C = 10k\Omega$,则能求出 I_C:

$$I_C = \frac{V_{CC} - V_{CE}}{R_C} = \frac{12 - 6}{10^4} = 0.6 (\text{mA}) \qquad (2.2)$$

2.2.4 确定 I_B 与 R_B

下面确定 I_B 与 R_B 的值。由于已经假设 $h_{FE} = 100$,所以为了流过 $0.6mA$ 的 I_C,I_B 必须是 $6\mu A$,由图 2.1 可知:

$$R_B = \frac{V_{CC} - V_{BE}}{I_B} \qquad (2.3)$$

但 V_{BE} 的值是未知数。

但是,由于基极-发射极间很明显是正向偏置,所以可推断 V_{BE} 约为 $0.6V$。因此

$$R_B = \frac{V_{CC} - V_{BE}}{I_B} = \frac{12 - 0.6}{6 \times 10^{-6}} = 1.9 (\text{M}\Omega) \qquad (2.4)$$

则 R_B 可以求得。

但是,$1.9M\Omega$ 那样不规范电阻值的电阻很难买到。因此采用 $R_B = 2M\Omega$。此时 R_B 的值比设计值约大 5%,I_B 的值就应该比设计值($6\mu A$)小 5%,为 $5.7\mu A$。由此可以预想到 I_C 为 $0.57mA$。

2.2.5 SPICE 模拟

用 SPICE 进行验证。

在直流工作解析中,电路各部分的电压、电流值通常称为"偏置点"或者"工作点"。根据图 2.1 的电路文件(清单 2.1)中的.OP 指令,关于工作点的详细解析数据结果被写入输出文件"CE00.OUT"中。从输出文件中取出晶体管 Q_1 的工作点与小信号动作时的参数(其中一部分在下面交流动作分析时使用),表示在清单2.2 中。

```
CE00.CIR - 1 Transitor circuit
*******************************
*    Operating Point
*******************************

Vs   1 0 AC 1V SIN(0 0.01V 1KHz)
C1   1 2    4.7U
RB   4 2    2MEG
RC   4 3    10K
Q1   3 2 0  QNORM
Vcc  4 0    DC 12V

.MODEL QNORM NPN (IS=1E-14
+       BF={HFE} XTB=1.7)

.PARAM HFE=100
*.STEP PARAM HFE LIST 50 100 200
.OP
.AC DEC 20 10 100K
.TRAN  10us  2ms  0 10us
.PROBE
.END
```

```
**** BIPOLAR JUNCTION TRANSISTORS

NAME       Q1
MODEL      QNORM
IB         5.68E-06
IC         5.68E-04
VBE        6.40E-01
VBC       -5.68E+00
VCE        6.32E+00
BETADC     1.00E+02
GM         2.20E-02
RPI        4.55E+03
RX         0.00E+00
RO         1.00E+12
CBE        0.00E+00
CBC        0.00E+00
CBX        0.00E+00
CJS        0.00E+00
BETAAC     1.00E+02
FT         3.50E+17
```

清单 2.1 单管放大器（图 2.1）的
电路文件

清单 2.2 从"CEOO. OUT"抽出的与
图 2.1 电路的 Q_1 有关的工作点和小信
号动作时的参数

工作点为：

$$I_B = 5.68\mu A, I_C = 0.568mA, V_{BE} = 0.64V, V_{CE} = 6.32V$$

几乎与设计值相同。

将这些工作点表示在图 2.2 中。虽然工作点有三个（M_1、M_2、M_3），但 M_3 特别重要。需要注意的是，通过 M_3 的斜率为负的直线。

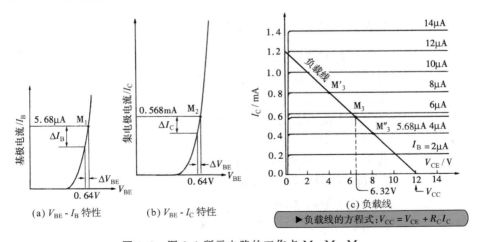

图 2.2 图 2.1 所示电路的工作点 M_1、M_2、M_3

这就是将式（2.1）图示在 V_{CE}-I_C 坐标平面上的结果。称该直线为"负载线"或"直流负载线"。以下将采用"负载线"一词。

2.3 交流工作解析

2.3.1 "交流工作解析"的概念

在上述的直流工作解析中,已假设 $V_S=0$,现在加上适当振幅的 V_S,则各部分的电压与电流就以工作点为中心进行变化。只对这部分变化进行分析就是交流工作解析。

交流工作解析的关键点是研究将直流电源和大容量电容进行短路之后的电路。具体而言,将图 2.1 中的 V_{CE} 和 C_1 进行短路,然后进行分析。这样一来,就可以得到图 2.3 所示的电路。称之为"小信号等效电路"。在小信号等效电路中,仅考虑电压或电流的变化量。

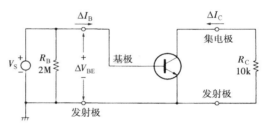

图 2.3 图 2.1 所示电路的小信号等效电路

2.3.2 ΔV_{BE} 与 ΔI_B 关系

首先考虑图 2.3 所示电路的输入电压 ΔV_{BE} 与输入电流 ΔI_B 的关系。也就是分析图 2.2 中 $I_B\text{-}V_{BE}$ 曲线的工作点 M_1 附近的动作。

对于微小变化量 ΔV_{BE},有

$$\Delta I_B = S_{M1} \Delta V_{BE} \tag{2.5}$$

其中 S_{M1} 是 M_1 处的切线斜率。M_1 处的切线斜率可以称为"基极-发射极间电导",通常用 g_π 来表示,即

$$\Delta I_B = g_\pi \Delta V_{BE} \tag{2.6}$$

由前面的式(1.4)能很容易地计算出 g_π,其值可由下式算出:

$$g_\pi = \frac{q}{kT} |I_B| \tag{2.7}$$

式中,I_B 为在工作点 M_1 处的直流基极电流。在 I_B 上加绝对值符

号是表示式(2.7)既适用于 PNP 型晶体管,也适用于 NPN 型晶体管。

在此,将 g_π 的倒数用 γ_π 来表示,则由式(2.6)有

$$\Delta I_{\mathrm{B}} = \frac{1}{\gamma_\pi} \Delta V_{\mathrm{BE}} \tag{2.8}$$

即

$$\gamma_\pi \Delta I_{\mathrm{B}} = \Delta V_{\mathrm{BE}} \tag{2.9}$$

这与欧姆定律具有相同的形式。因此,称

$$\gamma_\pi \equiv 1/g_\pi \tag{2.10}$$

为"基极-发射极间输入电阻"。在 SPICE 中,将 γ_π 表示为 RPI(参见清单 2.2)。另外,符号"$\equiv$"的意思是"定义"(即,γ_π 被定义为 $1/g_\pi$)。可由式(2.7)算出 γ_π 的值:

$$\gamma_\pi \equiv \frac{1}{g_\pi} = \frac{kT}{q} \left| \frac{1}{I_{\mathrm{B}}} \right| \tag{2.11}$$

由于 γ_π 是基极-发射极间的电阻,因此可用图 2.4 所示等效电路来表示。

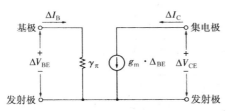

图 2.4 晶体管的简化后的 π 形模型

2.3.3 ΔI_{C} 与 ΔV_{BE} 关系

由于是考虑在图 2.2 中的 V_{BE}-I_{C} 曲线的工作点 $\mathrm{M_2}$ 附近的工作情况,所以输出电流 ΔI_{C} 与输入电压 ΔV_{BE} 的关系是

$$\Delta I_{\mathrm{C}} = S_{\mathrm{M2}} \Delta V_{\mathrm{BE}} \tag{2.12}$$

其中,S_{M2} 为 $\mathrm{M_2}$ 处的切线斜率。该参数被称为"互导"或者"正向传输电导",通常用符号 g_{m} 来表示。因此,有

$$\Delta I_{\mathrm{C}} = g_{\mathrm{m}} \Delta V_{\mathrm{BE}} \tag{2.13}$$

g_{m} 很容易由式(1.5)进行计算:

$$g_{\mathrm{m}} = \left(\frac{q}{kT} \right) | I_{\mathrm{C}} | \tag{2.14}$$

式中,I_{C} 为工作点 $\mathrm{M_2}$ 处的直流集电极电流。

在图 2.4 所示等效电路中,能用电压控制电流源 g_m 来表示式(2.13)所示的关系。这是电流与 ΔV_{BE} 成正比变化的电流源(即电流 $I = g_m \Delta V_{BE}$ 的电流源)。在 SPICE 中,这样的电流源称为 VCCS(Voltage Controlled Current Source)。其名称必须以首字母 G 或者 g 开始。

2.3.4 电压增益计算

图 2.4 所示等效电路被称为简化后的"π 形模型",使用该等效电路就能够计算放大器的电压增益 A_V。由图 2.5,有

- 信号源电压 $V_S = \Delta V_{BE}$ (2.15)

- 输出电压 $V_O = -\Delta I_C R_C$ (2.16)

- 增益 $$A_V = \frac{V_O}{V_S} = -\frac{\Delta I_C}{\Delta V_{BE}} R_C$$ (2.17)

$$= -g_m R_C$$ (2.18)

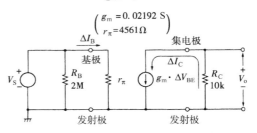

图 2.5 使用 π 形模型的图 2.1 所示电路的小信号等效电路

也许有人会惊讶,用这么简单的式子就能计算增益。也许有人会感到不可思议,在式(2.18)中没有加进参数 h_{fe}。

2.3.5 用 SPICE 验证

为了可靠起见,使用式(2.18)来计算增益,然后用 SPICE 进行验证

首先用式(2.14)来计算 g_m 的值。如前所述,在 $T = 300K$ 时:

$$\frac{q}{kT} = 38.7$$ (2.19)

I_C 由清单 2.2 可知

$$I_C = 0.568mA$$

所以 $g_m = 38.7 \times 0.568 \times 10^{-3} = 0.02198S$。$g_m$ 是电导的一种,所

以单位用"西[门子]"(用大写字母 S)表示。

由式(2.18)可以算出增益 A_v 为:

$$A_v = -g_m R_C = -0.02198 \times 10^4 = -219.8 倍$$

用 SPICE 对 g_m 的值和增益的值进行验证。由 SPICE 模拟的 g_m 表示在清单 2.2 的 GM 中,即

$$GM = 2.20E-02 \rightarrow 0.0220S$$

与上述计算值(0.02198)很好地符合。

根据电路文件(清单 2.1)的 AC 解析能够验证增益。

从探头输出(图 2.6)可以读出,1kHz 的增益为 219.594 倍。与上述的计算值很好符合。在图 2.6 中,在节点 V(3)的输出电压为 219V,而在实际上不应该输出这样高的电压。在 SPICE 的交流解析中,仅将由电路文件(清单 2.1)的

$$Vs \quad 1 \quad O \quad AC \quad 1V$$

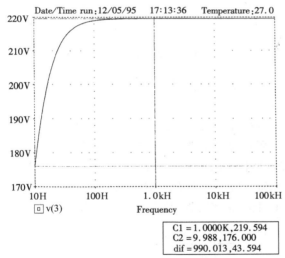

图 2.6　最简单的单管放大器(图 2.1)的频率特性(清单 2.1)

所确定的 1V 机械地代入到模拟器的小信号等效电路的信号电压 V_S 中。而对电路的非线性一概不加考虑。总之,这就是小信号等效电路的特点。

如果想知道加了 1V 正弦波电压时的响应输出,就使用瞬态分析(.TRAN)。试一下就清楚,没有发生比电源电压 V_{CC} 高的输出电压。但是,通常为了进行 AC 分析,在电路文件中加上了 AC 1V

的信号源电压。这样一来,用输出电压值本身就表示了增益的值。

如图 2.7 所示,通常用 dB 来表示增益。

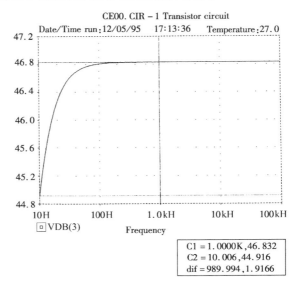

图 2.7　用 dB(分贝)表示的图 2.1 所示电路的增益-频率特性

在图 2.5 所示等效电路中,将图 2.1 中的 C_1 进行短路除去。但在 SPICE 的 AC 分析中,一定要考虑到 C_1。其结果,如图 2.7 所示,低频增益下降。这是对实际的频率特性进行正确的模拟,即使用图 2.5 所示等效电路,如果像图 2.8 那样加入 C_1 的话,也可得到与 SPICE 相同的频率特性。采用图 2.5 所示等效电路还是采用图 2.8 所示等效电路,是随所研究的频率而定的。例如只研究 100Hz 以上的频率特性,用图 2.5 所示等效电路就足够了。

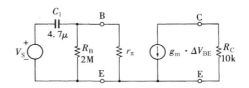

图 2.8　考虑到 C_1 之后的更为准确的小信号等效电路

在现实中,除此之外还有各种各样的等效电路。从其中选择适当的等效电路,会带来正确的电路设计。

2.4 h 参数

与简化 π 形模型相并列，以前还经常使用下面介绍的 h 参数。

2.4.1 h_{fe}

基极电流一变化，集电极电流就随之发生变化。因此，测量基极电流变化量 ΔI_B 和集电极电流变化量 ΔI_C，就能够确定参数 h_{fe} 为：

$$h_{fe} \equiv \frac{\Delta I_C}{\Delta I_B} \qquad (2.20)$$

符号 $\equiv$ 的意思是"被定义"（h_{fe} 被定义为 $\Delta I_C / \Delta I_B$）。称该 h_{fe} 为"小信号电流放大率"或者"发射极接地正向电流放大率"。在理想晶体管中，前面提到的直流放大率 h_{FE} 与该 h_{fe} 具有相同的值。但是在实际晶体管中，多少有些差异（百分之几至 20% 左右）。

由于 ΔI_C 与 ΔI_B 成正比，就能够导出图 2.9 所示等效电路。它使用了产生与 ΔI_B 成正比的电流的电流源。

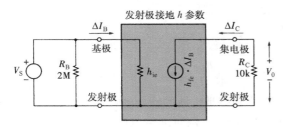

图 2.9　使用简化后的 h 参数的小信号等效电路

图 2.9 是对称为"发射极接地 h 参数"的小信号等效电路进行简化后的电路。

2.4.2 h_{ie} 与增益 A_V

基极-发射极间的 h_{ie} 参数是与上述 π 形模型的输入电阻 γ_π 相同的参数。使用这个等效电路，能计算出增益 A_V 如下：

$$A_V \equiv \frac{V_O}{V_S} = \frac{-\Delta I_C R_C}{\Delta I_B h_{ie}} \qquad (2.21)$$

$$= \frac{-(h_{fe} \Delta I_B) R_C}{\Delta I_B h_{ie}} \qquad (2.22)$$

$$= -\frac{h_{fe}}{h_{ie}}R_C \tag{2.23}$$

由于 h_{ie} 与 r_π 相等,如使用式(2.7)进行计算,则在 $I_B =$ 5.68μA 处,将

$$h_{ie} = r_\pi = \frac{1}{38.7 \times 5.68 \times 10^{-6}} = 4549(\Omega)$$

代入式(2.23),可得到

$$A_V = -\left(\frac{100}{4549}\right) \times 10^4 = -219.8 \text{ 倍}$$

该值与用 π 形模型计算出的增益完全一样。显然这不是偶然的一致。

2.4.3 π 形模型与 h 参数等效电路

实际上,这是由于 π 形模型的互导 g_m 与发射极接地 h 参数等效电路中的 h_{fe}/h_{ie} 相同的原因。即

$$g_m = \frac{h_{fe}}{h_{ie}} \tag{2.24}$$

上式成立是很容易由式(2.11)与式(2.14)导出的。并且,由式(2.24)可得到下述重要且实用的式子:

$$h_{ie} = \frac{h_{fe}}{g_m} = \frac{h_{fe}}{38.7|I_C|} \qquad (T = 300K) \tag{2.25}$$

$$h_{ie} = \frac{h_{fe}}{g_m} = \frac{h_{fe}}{40|I_C|} \qquad (T = 290K) \tag{2.26}$$

即可以认为"发射极接地电路的输入电阻(基极-发射极间电阻)与 h_{fe} 成正比,与 $|I_C|$ 成反比"。例如,$h_{fe} = 100$,$|I_C| = 1mA$,则 $h_{ie} \approx 2.6k\Omega$。

只要牢记上述性质与上述典型值,仅扫一眼电路图,就能预估发射极接地电路的输入电阻。

虽然用了多次"发射极接地电路"这个词,但这是老的称呼法,在现在则称为"共发射极电路"。

2.5 三种类型的接地形式

对于至今未加说明而使用的"发射极接地(共发射极)电路"的意义,已到了该进行说明的阶段。

通常,如图 2.10 所示,放大电路具有两个输入端和两个输出端,合计具有 4 个端子。

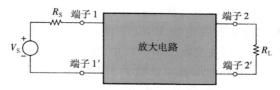

端子 1 ~ 端子 1′为输入端子(对)
端子 2 ~ 端子 2′为输入端子(对)
R_S:信号源电阻,R_L:负载电阻

图 2.10　放大电路具有 4 个端子

　　然而,晶体管只有三个端子。因此三个端子中的某一个一定
与输入端和输出端双方相连接。图 2.11 是使用小信号等效电路
表示其连接方法的图。在三种等效电路中,图(a)是发射极与输入
和输出端相连接的,即发射极成为输入和输出的公用端。因此称
该电路为"共发射极电路"。同样,成为输入和输出的公用端的,图
2.11(b)是基极端,图(c)是集电极端,因此称图(b)为"共基极电
路",称图(c)为"共集电极电路"。

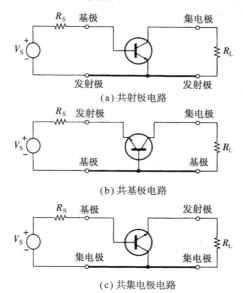

(a)共射极电路

(b)共基极电路

(c)共集电极电路

图 2.11　三种公共电路的小信号等效电路

　　这些电路往往也称为"发射极接地电路","基极接地电路",
"集电极接地电路"。其理由是,由于在很多情况下公用端实际上
是被接地的。

但是,公用端也有不被接地的情况。例如图 2.12 所示电路。
该电路的集电极被接在电源 V_{CC} 上。然而该电路也是"共集电极
电路"。其理由如同在交流工作分析中说明过的一样,在小信号等
效电路中,直流电源电压被短路除去。当将直流电源电压(V_{CC} 和
V_{bias})短路除去后,图 2.12 所示电路即可归属于图 2.11(c)所示的
共集电极电路。因此该电路也习惯地被称为"共集电极电路"。

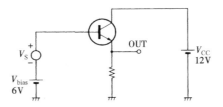

图 2.12　共集电极电路的例子

对于各种接地形式的优缺点,在实际电路的例子中说明。

2.6　最简单的单管放大器的缺点

图 2.1 所示电路的工作点用图 2.2 来确定的,但是当加入交
流信号 V_{S} 后,则工作点 M_3 将在负载线上移动。之所以如此,是
因为(V_{CE},I_{C})受式(2.1)所约束。例如,由于加上 V_{S},设 I_{B} 增加
到 $8\mu A$,则工作点移到 $M_3{}'$;设 I_{B} 减少到 $4\mu A$,则工作点移到
$M_3{}''$。

若 I_{B} 进一步增大,则 Q_1 的 V_{CE} 在 0.2～12V 范围变化。如仅
考虑图 2.1 所示电路的输出 V_{CE} 的变化量,由于 V_{CE} 是以 6.32V
为中心在 0.2～12V 范围内变化,所以输出 ΔV_{CE} 能够取为(0.2－
6.32)～(12－6.32)V 的值。即输出 ΔV_{CE} 能在－6.12～＋5.68V
的范围变化。

在这里,如设无信号时工作点 M_3 处于负载线 $V_{\text{CE}}=1V$ 的点
上,又将如何呢?

当加上足够大振幅的交流信号电压时,V_{CE} 沿着负载线能够在
0.2～12V 范围变化。但 V_{CE} 的变化量 ΔV_{CE} 则在(0.2－1)～(12
－1)V 的范围变化。

也就是说,输出 ΔV_{CE} 的负的最大振幅为 0.8V,正的最大振幅
为 11V。相反,在无信号时工作点 M_3 的 V_{CE} 比 $V_{\text{CC}}/2$ 大时,输出
ΔV_{CE} 的负的最大振幅变大,而正的最大振幅比 $V_{\text{CC}}/2$ 变小。

由上述可知,无信号时工作点 M_3 的 V_{CC} 在几乎为 $V_{CC}/2$ 的条件下,可以得到最大的正负对称的输出。图 2.1 所示电路的 V_{CE} 设定为约 6V,就是这个原因。

图 2.1 所示电路的致命缺点是因为 h_{FE} 的分散性,使工作点 M_3 的位置会发生变动,有时就会失去放大器的机能。例如设 h_{FE} = 200,该电路的直流集电极电流为 1.13mA,工作点 M_3 的 V_{CE} 低到 0.658V,此时加上频率 f = 1kHz,振幅 10mV 的正弦波电压 V_S,则如图 2.13 所示,就成为畸变了的输出波形。

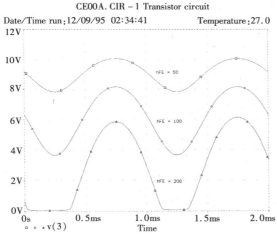

图 2.13 在图 2.1 的电路中加了 f = 1kHz,振幅为 10mV 的
正弦波电压 V_s 时的输出波形

由于 h_{FE} 也随温度而变化,即使指定了晶体管的 h_{FE} 档次,将 h_{FE} 的分散性控制在 1 比 2 的范围,这样的 h_{FE} 也几乎没有实用性。

图 2.13 的模拟是将清单 2.1("CE00.CIR")的.STEP 命令的左边的 *(星号)去除,然后进行解析的结果。

2.7 单管反相放大器(之一)

电路设计的第 1 步是工作点的稳定化。即使是融入崭新理念的电路,也不可能采用工作点不稳定的电路。

不管是分立半导体电路还是集成电路(IC),工作点稳定化的基本考虑方法都是反馈的应用。

晶体管固有缺点的 h_{FE} 分散性也可以利用负反馈(以下,以

NFB 表示)来抵消它对电路的影响。

图 2.14 是将集电极电压反馈到基极端,以便对工作点进行稳定化的低频放大器。

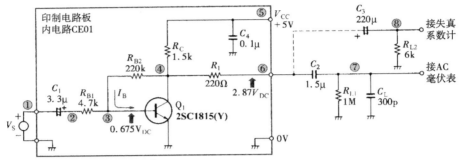

图 2.14 单管反相放大器(之一)

2.7.1 稳定化的原理

原理非常简单。假设由于某些原因使 h_{FE} 增加了。如果直流基极电流是一定的,由于直流集电极电流 I_C 随着 h_{FE} 的增加成正比地增加,所以集电极负载电阻 R_C 的两端电压增加,导致 V_{CE} 减少。但是,由于 R_{B2} 是接在 Q_1 的集电极上,I_B 被式

$$I_B = \frac{V_{CE} - V_{BE}}{R_{B2}} \tag{2.27}$$

所确定,V_{CE} 一减少必然引起 I_B 减少,则 I_C 也减少,从而使 V_{CE} 增加。这样的机理起作用,就抵消了由 h_{FE} 增大而引起的 V_{CE} 的减小。

2.7.2 工作点和器件常数的计算

图 2.14 所示电路的工作点是下述联立方程式的解:

$$\left. \begin{aligned} I_C &= h_{FE} I_B \\ V_{CC} &= V_{CE} + R_C (I_B + I_C) \\ V_{CE} &= V_{BE} + R_{B2} I_B \end{aligned} \right\} \tag{2.28}$$

在最初阶段,强制性地给出电源电压 V_{CC} 和负载电阻值。在此取为 $V_{CC} = 5\text{V}, R_C = 1.5\text{k}\Omega$。

其次是确定晶体管的型号。在此,取为 2SC1815,它是古老型号的晶体管,也容易买到,且价格便宜。当个人在小商店购买少量晶体管时,指定 h_{FE} 的挡次是困难的。但 2SC1815/2SA1015 的挡次是能够指定的。在本电路中,使用 2SC1815 的 Y 挡($h_{FE} = 120 \sim 240$)。

下一步是确定基极电阻 R_{B2}。对 R_{B2} 求解方程(2.28),则有:

$$R_{B2} = \left(\frac{V_{CE} - V_{BE}}{V_{CC} - V_{CE}}\right)(1 + h_{FE})R_C \qquad (2.29)$$

由于 h_{FE} 的分散性，所以使用 Y 档的最小值 120 与最大值 240 的相乘平均值，即

$$h_{FE} = \sqrt{120 \times 240} \approx 170$$

V_{BE} 是未知数，仍假定为 0.6V。V_{CE} 设定为 $V_{CC}(=5V)$ 的 1/2 左右，即 2.6V。将上述参数代入式(2.29)，则可以求得

$$R_{B2} = \left(\frac{2.6 - 0.6}{5 - 2.6}\right) \times (1 + 170) \times 1500 \approx 214(\text{k}\Omega)$$

实用值是取为 220kΩ。

2.7.3　用 SPICE 进行动作验证

图 2.14 所示电路的电路文件表示在清单 2.3 中。2SC1815（模型名称为 QC1815）的模型参数使用的数值是收录在 PSpice/CQ 版超级组合件用元件库"BG.LIB"中的参数与由笔者实测而推算的值。除了 IS、XTB、CJE、TF、TR 外，使用了收录在"BG.LIB"中的数值。

```
CE01.CIR  -  1 Transistor Circuit
*********************************
*     BIAS TYPE no. 1           *
*********************************

Vcc   5 0    DC 5V
Vs    1 0    AC 1V SIN(0 0.05V 1KHz)
C1    1 2    3.3U
RB1   2 3    4.7K
RB2   4 3    220K
Q1    4 3 0  QC1815      ;2SC1815(Y)
RC    5 4    1.5K
R1    4 6    220
C2    6 7    1.5U
RL1   7 0    1MEG
CL    7 0    300P

*C3    6 8    220U
*RL2   8 0    6K
*.FOUR 1KHz V(8)

.MODEL QC1815 NPN (IS=1E-14 BF={HFE} XTB=1.7
+              BR=3.6 VA=100 RB=50 RC=0.76
+   IK=0.25  CJC=4.8p CJE=18p TF=0.5n TR=20n)

.PARAM HFE = 1
.STEP PARAM HFE   LIST 120 170 240
.OP
.AC DEC 20 10 100K
.TRAN  0.005ms  2ms  0  0.005ms
.PROBE
.END
```

清单 2.3　图 2.14 电路的电路文件

施加 V_S 为 $f=1\mathrm{kHz}$ 时,单侧峰值振幅为 $50\mathrm{mV}$ 的正弦波电压时,其瞬态分析结果表示在图 2.15 中。从该图可知,即使 h_{FE} 分散在 $120\sim240$,V_{CE} 的直流工作点仍落在 $3.02\sim2.3\mathrm{V}$ 的范围内。变动幅度约为电源电压的 14%。如果进一步要求,则希望控制在 10% 以内,然而,即使是 14% 这种程度也是足够实用的。

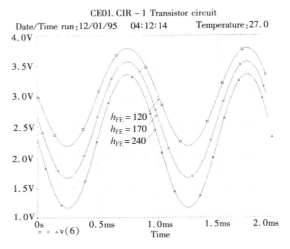

图 2.15 单管放大器之一(图 2.14,清单 2.3)
的瞬态分析结果

2.7.4 制 作

将图 2.14 中用粗线框围住的部分汇总到印制电路板上。也可以用万用电路板,但一定画上图形。动手制作一次就一定会喜欢上模拟电路。

1. 电路板

由于是分立晶体管电路,只要电路板的孔的位置恰当就可以。可按下述几点来决定孔的间距的。

- 1/4W 型碳膜电阻——10mm
- 小型晶体管——2.5mm
- 二极管——5mm,7.5mm,10mm,12.5mm
- 电容——2.5~7.5mm

对于印制电路板的大小,以每个元器件大约占 $1\sim2\mathrm{cm}^2$ 的面积就可以。在初期,可以制得稍大些。印刷图形用手描能很快完成。作为参考,单面电路板的图形示于图 2.16 中。GND(接地)尽可能做得宽大些。

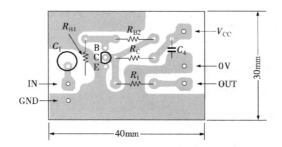

图 2.16 单管反相放大器之一的印制线路图

通常,由于晶体管电路的阻抗低,所以必须注意元器件之间或者元器件与 GND 之间的分布电容(如果由于少量的分布电容而发生任何问题,则是电路设计者的责任)。应该注意的显然是布线的电感成分。为了减少电感,印制电路板的图形一定要"短而粗"。

2. 电 阻

除非出于安全上的考虑,有些场合必需使用线绕电阻外,一般不应该使用线绕电阻。原因是由于它的电感成分有可能使电路变得不稳定。

在本书使用的电阻,只要没有特殊说明的,都是 1/4W 碳膜或者金属膜电阻。电阻的精度有

- K 级……±10%
- J 级……±5%
- G 级……±2%
- F 级……±1%
- D 级……±0.5%

只要没有特别的标明,J 级就足够。即使是 J 级,其实际精度水平也在 ±1% 以内。使用不必要的高价电阻是毫无意义的。

3. 电 容

图 2.14 中的 C_1(俗称电介质电容)是铝电解电容。要注意其耐压与极性。在性能方面,钽电解电容要优秀一些,但若将钽电容的极性弄错就会着火冒烟(使用装有保险丝类型的电路就安全一些)。反接铝电解电容也是被严格禁止的。

图 2.14 中的 C_4 是旁路电容。在 SPICE 中,电压源的阻抗为 0,由于布线电感,实际的电源 V_{CC} 的阻抗在高频范围增大。旁路电容是用来抵消这个阻抗增大的电容。所以必须配置在印制电路板内的有源器件的附近。

旁路电容通常使用陶瓷类电容。但在低频放大器中,也可以用聚酯型薄膜电容。

4. 其　他

电路板的接线柱用带扣眼的接线片是很方便的,可用夹子夹,也能钩住示波器的探头。

2.7.5　测　量

完成后的印制电路板表示在照片 2.1 中。在印制电路板上,本来,应该按装上隔离片的,但是由于是实验电路,就将其省略了。下面就进行测量吧。

照片 2.1　完成后的单管反相放大器
之一(CE01)的电路板

由于模拟电路抗噪声能力差,所以不用开关电源而用串联型稳压电源。并且,为了避免交流声和广播电磁波噪声,将印制电路板收藏在适当的金属盒内进行屏蔽。如果不是高性能的电路,则如图 2.17 所示,在铝板上铺上厚度约 1cm 的杂志,然后在其上面

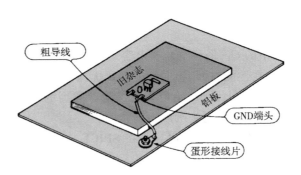

图 2.17　印制电路板的简易屏蔽法

直接放置印制电路板,这样,在测量中也不会产生问题。另外,铝板与印制电路板的 GND 端子要用导线进行紧密的连接。

对于放大器的测量,首先是加入正弦波电压来观察输出波形。输出波形应该与用 SPICE 进行模拟的输出波形相同。

接着是观察脉冲响应。如图 2.18 所示,产生过冲和振荡现象时,大体上是设计上的错误。如脉冲响应没有问题,则测量频率特性(图 2.19)和失真系数特性(图 2.20),然后结束测量。

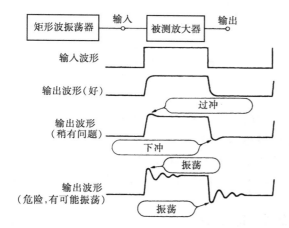

图 2.18 用脉冲(矩形波)响应波形来判断稳定性

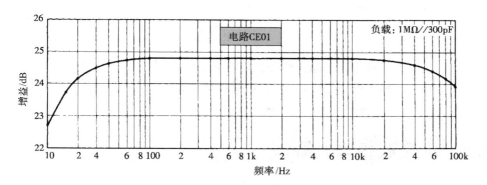

图 2.19 单管反相放大器(之一)(图 2.14)的实测
增益-频率特性(节点 1~节点 7)

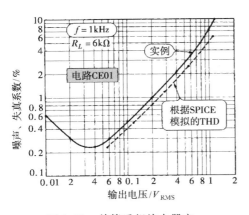

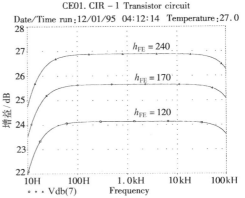

图 2.20 单管反相放大器之一
（图 2.14）的失真系数特性

图 2.21 单管反相放大器之一
（图 2.14 清单 2.3）的 AC 解析结果

另外，在图 2.14 中的节点 7 的 R_{L1} 是交流毫伏计的输入电阻。$C_L = 300pF$ 是连接电缆的分布电容与交流毫伏计的输入电容之和。节点 8 的 R_{L2} 是失真系数计的输入阻抗。C_3 是无极性电解电容（耐压 25V）。在进行频率特性测量时，可以撤去失真系数计。

由 SPICE AC 分析而得到的频率特性表示在图 2.21 中，与实测特性非常符合（图 2.19）。

V 与 v

对于表示晶体管和二极管的端子电压，大写 V 意味着直流电压和工作点电压，小写 v 意味着偏离工作点的微小电压变化。

2.8 单管反相放大器（之二）

图 2.14 中使用的 NFB 可以有效地使工作点稳定化，但不能说非常充分。下面介绍的图 2.22 所示放大器是利用其他类型的 NFB 来进行工作点的稳定化的。

该电路能使发射极电流稳定化，从而起到对集电极电流和 V_{CE} 的工作点进行稳定化的作用。首先，将发射极电流稳定化原理

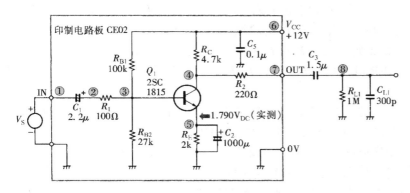

图 2.22　单管反相放大器之二

表示在图 2.23 中。很明显,有

$$I_E = \frac{V_{bias} - V_{BE}}{R_E} \tag{2.30}$$

由于在该式中没有出现 h_{FE},所以 h_{FE} 的分散性不影响 I_E。虽然不知道 V_{BE} 的准确数值,但若设 $V_{BE} = 0.6V$,则由式(2.30)可得

$$I_E = \frac{V_{bias} - V_{BE}}{R_E} = \frac{2.6 - 0.6}{2 \times 10^3} = 1 (mA)$$

V_{BE} 随温度而变化(见图 1.13),如设 V_{BE} 的温度系数为 $-2mV/℃$,温度每上升 $1℃$,$(V_{bias} - V_{BE})$ 就增加 0.1%。因此,I_E 也增加 0.1%,即 I_E 的温度系数是 $0.1\%/℃$。即使温度发生变化,I_E 的变动也不超过 5%。在这里,由式(1.3)与式(1.6)可知,I_E 与 I_C 的关系为

$$\frac{I_C}{I_E} = \frac{I_C}{I_B + I_C} = \frac{h_{FE}}{1 + h_{FE}} \approx 1 \tag{2.31}$$

所以,I_C 的变动与 I_E 的变动同时被控制。

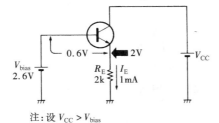

注:设 $V_{CC} > V_{bias}$

图 2.23　发射极电流稳定化原理

这样,在发射极插入电阻 R_E,就能对发射极电流进行稳定化,这是由于 NFB 起作用的缘故。由于能对电流进行稳定化,这个 NFB 被称为电流反馈型 NFB。与此不同,图 2.14 所示电路的 NFB 由于是对电压(V_{CE})进行稳定化的,所以被称为电压反馈型 NFB。

图 2.22 所示的直流工作电路(图 2.24(a)),初看起来与图 2.23 不同。但是,图 2.24(a)中用虚线围起来的部分可以等效地变换成图 2.24(b)的虚线部分。图 2.24(b)不过是在图 2.23 所示稳定化原理电路中,增加了($R_{B1} /\!/ R_{B2}$)。如设 R_{B1} 与 R_{B2} 的并联合成电阻为 R_B,由于 R_B 上流过基极电流 I_B,所以就能求出图 2.24(b)所示电路的 I_E 为:

$$I_E = \frac{V_{bias} - R_B I_B - V_{BE}}{R_E} \tag{2.32}$$

虽然 $R_B I_B$ 受 h_{FE} 的影响,但如果 $R_B I_B$ 的值(电压降)比 V_{bias} 小很多,则由式(2.32)可知,I_E 几乎不受 h_{FE} 的影响。

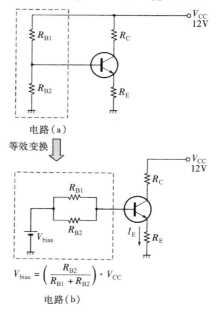

电路(a)

等效变换

$$V_{bias} = \left(\frac{R_{B2}}{R_{B1} + R_{B2}} \right) \cdot V_{CC}$$

电路(b)

图 2.24　图 2.22 所示电路的直流动作

2.8.1　R_{B1} 和 R_{B2} 的确定

首先对 I_E 和 R_E 进行设定。与图 2.23 同样,令 $I_E = 1\text{mA}$,R_E

$=2\mathrm{k}\Omega$。其次确定 $R_{\mathrm{B}}I_{\mathrm{B}}$ 的电压降为 $0.1\mathrm{V}$。就能确定必要的 V_{bias} 为：

$$V_{\mathrm{bias}}=R_{\mathrm{E}}I_{\mathrm{E}}+V_{\mathrm{BE}}+R_{\mathrm{B}}I_{\mathrm{B}} \tag{2.33}$$
$$=2+0.6+0.1=2.7(\mathrm{V})$$

由图 2.24(b)的虚线部分可知

$$\frac{R_{\mathrm{B2}}}{R_{\mathrm{B1}}+R_{\mathrm{B2}}}=\frac{V_{\mathrm{bias}}}{V_{\mathrm{CC}}}=\frac{2.7}{12} \tag{2.34}$$

另一方面，R_{B1} 与 R_{B2} 的并联合成值为 R_{B}，所以

$$\frac{R_{\mathrm{B1}}R_{\mathrm{B2}}}{R_{\mathrm{B1}}+R_{\mathrm{B2}}}=R_{\mathrm{B}} \tag{2.35}$$

如果给出 R_{B} 的值，则式(2.34)与式(2.35)成为关于 R_{B1} 和 R_{B2} 的联立方程式，对此方程求解，就能立刻算出 R_{B1} 和 R_{B2} 的数值。

关于 R_{B}，假设 $h_{\mathrm{FE}}=200$，则 $R_{\mathrm{B}}=20\mathrm{k}\Omega$。这是因为，由第 1 章的式(1.3)和式(1.6)，有

$$I_{\mathrm{B}}=\frac{I_{\mathrm{E}}}{1+h_{\mathrm{FE}}}=\frac{1\times10^{-3}}{201}\approx5(\mu\mathrm{A}) \tag{2.36}$$

根据最初的设定，$R_{\mathrm{B}}I_{\mathrm{B}}=0.1\mathrm{V}$。因此

$$R_{\mathrm{B}}=\frac{0.1}{I_{\mathrm{B}}}=\frac{0.1}{5\times10^{-6}}=20\times10^{3}(\Omega)$$

将这个 R_{B} 代入上述联立方程式(2.34)和式(2.35)并求解，则可以确定

$$R_{\mathrm{B1}}=88.8\mathrm{k}\Omega,\ R_{\mathrm{B2}}=25.8\mathrm{k}\Omega$$

实用值取 $R_{\mathrm{B1}}=100\mathrm{k}\Omega,R_{\mathrm{B2}}=27\mathrm{k}\Omega$。

2.8.2　R_{C} 的确定

由于发射极的电位是 $2\mathrm{V}$，所以图 2.22 中的 Q_{1} 实质上的电源电压是 $10\mathrm{V}$。因 I_{C} 约为 $1\mathrm{mA}$，如令 $R_{\mathrm{C}}=5\mathrm{k}\Omega$，则 $V_{\mathrm{CE}}=5\mathrm{V}$。在此，取 $R_{\mathrm{C}}=4.7\mathrm{k}\Omega$。

2.8.3　用 SPICE 进行验证

将图 2.22 所示电路的电路文件示于清单 2.4 中。首先将瞬态结果表示在图 2.25 中。即使 h_{FE} 在 $120\sim240$ 范围变化，工作点 (V_{CE}) 的变动也是极微小的。

其次，将温度变化的影响表示在图 5.26 中。随着温度的

```
CE02.CIR - 1 Transistor Circuit
**********************************************
*    Common Emitter Bias Type No.2        *
**********************************************

Vcc  6 0    DC 12V
Vs   1 0    AC 1V SIN(0 {VX} 1KHZ)
C1   1 2    2.2U
R1   2 3    100
RB1  6 3    100K
RB2  3 0    27K
Q1   4 3 5 QC1815    ;2SC1815(Y)
RC   6 4    4.7K
RE   5 0    2K
C2   5 0    1000U
R2   4 7    220
C3   7 8    1.5U
RL1  8 0    1MEG
CL1  8 0    300P

.MODEL QC1815 NPN (IS=1E-14 BF={HFE} XTB=1.7
+              BR=3.6 VA=100  RB=50  RC=0.76
+   IK=0.25  CJC=4.8p CJE=18p TF=0.5n TR=20n)

***************** hFE Analysis ************
.PARAM VX   = 10mV
.PARAM HFE  = 1
.STEP PARAM HFE  LIST 120  170  240

***************** Temparature ************
* .PARAM  VX  = 10mV
* .PARAM HFE  = 170
* .TEMP  0  25  50

***************** Fourier Analysis ********
*  C4  7 9   220U
*  RL2 9 0   6K
* .PARAM HFE = 170
* .PARAM VX  = 1
* .STEP PARAM VX  LIST 1mV 2mV 5mV 10mV
* .FOUR 1KHz V(9)
**********************************************

.OP
.AC DEC 20 10 100K
.TRAN   0.01ms  2ms  0  0.01ms
.PROBE
.END
```

清单 2.4 图 2.22 所示反相放大器的电路文件

上升,虽然正弦波电压的振幅减少(即增益减少),但是,工作点几乎不移动。

将 AC 解析结果表示在图 2.27 中。增益的变动是 1dB 以下,比起图 2.14 所示电路的增益变动来,得到了大幅度地改善。

另外,在图 2.27 中,低频范围的增益下降主要是由于 C_1 的影响。

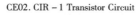

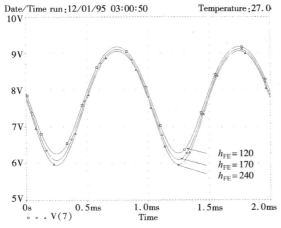

图 2.25 单管反相放大器之二(图 2.22 清单 2.4)的
瞬态解析结果

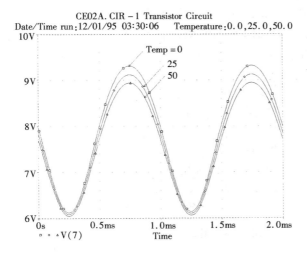

图 2.26 单管反相放大器之二(图 2.22 清单 2.4)的
温度解析结果

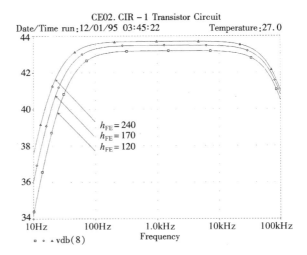

图 2.27 单管反相放大器之二(图 2.22 清单 2.4)的
AC 解析结果

2.8.4 制作与测量

印制电路板的图形示于图 2.28,完成后的电路板如照片 2.2
所示。在 图 2.29 中 示 出 了 实 测 的 频 率 特 性。与 模 拟 结 果
(图 2.27)相比较,在 1dB 前后,增益要高些,可以推断,这是由于
测量时室温低(15℃),比起 $T=27℃$ 时,g_m 要大些的缘故。

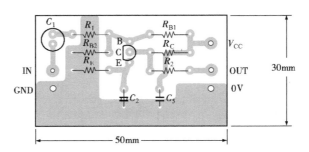

图 2.28 图 2.22 所示电路的电路板图形

失真系数特性表示在图 2.30 中,与图 2.14 所示电路的失真
系数(参见图 2.20)相比,失真系数变大近 10dB。其原因是在图
2.14 所示电路中,即使对于交流信号也加上了若干 NFB。另外,
从 Q_1 的基极所看到的信号源电阻为 4.7kΩ,相反,在图 2.22 所
示的电路中,NFB 对于交流信号不起作用,并且,从 Q_1 的基极所

看到的信号源电阻是 100Ω（实际上加上正弦波振荡器的输出阻抗 50Ω，为 150Ω），非常低，还有失真系数计的输入阻抗（$6k\Omega$），这些都使得图 2.22 所示电路与图 2.14 所示电路相比，负载很重。

照片 **2.2** 完成后的单管反相放大器
之二的电路板

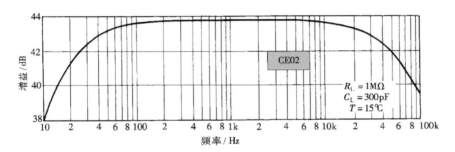

图 **2.29** 图 2.22 所示电路的节点 8 的实测频率特性

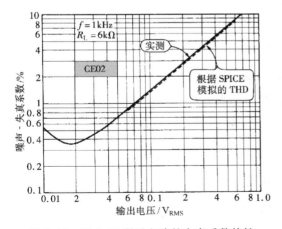

图 **2.30** 图 2.22 所示电路的失真系数特性

2.9 交流负载和直流负载

2.9.1 交流负载线

图 2.31 是一般的共射极电路。在很多情况下,由于不希望在输出中含有 DC 成分,如图所示,利用 C 和 R_L 将 DC 成分滤除。因此,小信号等效电路可用图 2.31(b) 来表示。图(b)所示电路中,实质上的负载电阻是 R_C 和 R_L 的并联合成值,称此为"交流负载"。

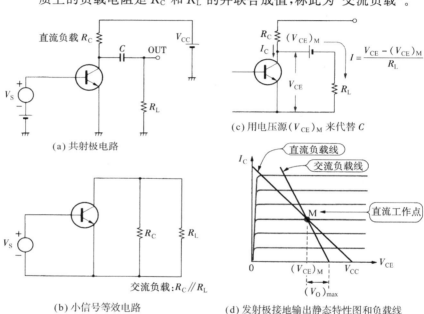

(a) 共射极电路

(b) 小信号等效电路

(c) 用电压源 $(V_{CE})_M$ 来代替 C

(d) 发射极接地输出静态特性图和负载线

图 2.31 直流负载和交流负载

现在在所考虑的频率下,如果电容 C 的阻抗与负载电阻 R_L 相比,非常小时,则 C 两端的交流电压成分可以忽略,可以将 C 两端电压看成是一定的直流电压。所以,该直流电压应该等于晶体管的直流集电极-发射极间电压。如设该电压为 $(V_{CE})_M$,则如图 2.31(c)所示,在图 2.31(a)所示电路的集电极周围,可以将电容 C 换成电压源 $(V_{CE})_M$。由图 2.31(c)可以导出下式:

$$V_{CC} = V_{CE} + R_C \left[I_C + \frac{V_{CE} - (V_{CE})_M}{R_L} \right] \tag{2.37}$$

上式就是在 (V_{CE}, I_C) 坐标平面上称为"交流负载线"的直线的方程式(图 2.31(d))。

　　交流负载线是通过直流工作点 M,其斜率为图 2.31(b)所示电路的交流负载电阻($R_C /\!/ R_L$)的倒数的直线。相反,直流负载线是如图 2.2 所示的负载线,其斜率是集电极负载电阻 R_C 的倒数。由于

　　　　交流负载电阻＜直流负载电阻

所以交流负载线的斜率(绝对值)比直流负载线的斜率大。

　　如果 $R_L = \infty$,正的最大输出电压为

$$V_{CC} - (V_{CE})_M$$

连接上 R_L,则如图 2.31(d)所示,正的最大输出电压减少为 $(V_O)_{max}$,$(V_O)_{max}$ 由下式给出:

$$(V_O)_{max} = [V_{CC} - (V_{CE})_M] \frac{R_L}{R_C + R_L} \qquad (2.38)$$

　　在 R_L 足够大时是没有问题的,而在现实中,由于下级放大器的输入电阻是与 R_L 并联接入的,所以交流负载更低。因此,一般必须对集电极负载电阻 R_C 的值进行设定,使得它满足 $R_C \ll R_L$。在图 2.22 所示的电路中,在连接上失真系数计时,该条件不满足,这是失真系数特性不好的原因。

2.9.2　利用 NFB 改善失真系数

　　利用 NFB 能够改善失真系数。对于图 2.22 所示电路,能够非常简单地加上 NFB。如图 2.32 所示,只要与 C_2 相串联地插入 R_f 就可以。此时的增益 A_V 近似地有

$$A_V = \frac{A}{1 + g_m(R_E /\!/ R_f)} \qquad (2.39)$$

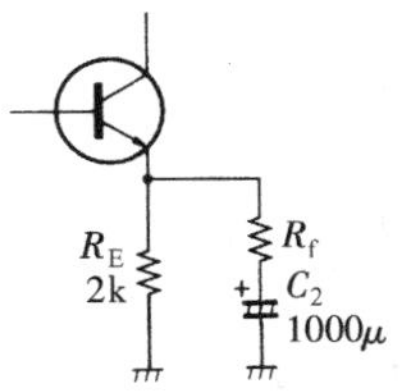

图 2.32　如与 C_2 串联地插入 R_f,则对于
交流信号也加上 NFB

式中,A 为无反馈(即 $R_f = 0$ 时)时的增益。在极端的情况下,如去掉 C_2 成为开路,则

$$A_V = \frac{A}{1+g_m R_E} = \frac{-g_m R_{L(AC)}}{1+g_m R_E} \qquad (2.40)$$

其中,$R_{L(AC)}$ 为交流负载电阻。上式中,分母$(1+g_m R_E)$表示反馈量。在图 2.22 所示电路的 SPICE 模拟中,$h_{FE}=170$ 时的 g_m 为 0.034S。因此反馈量 F 为:

$$F = 1 + g_m R_E = 1 + 0.034 \times 2000 = 69 \text{ 倍} \qquad (2.41)$$

因此,由于反馈作用,将增益与失真系数减少到 1/69。并能改善低频特性(图 2.33)。

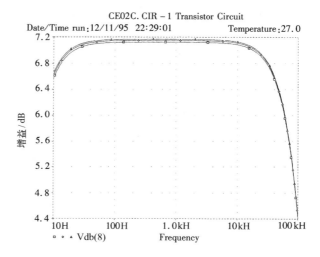

图 2.33 在图 2.22 所示电路中 C_2 开路后的频率特性
(3 条曲线由上而下对应于 $h_{FE}=240,170,120$)

V_{BE} 和 V_{EB}

V_{BE} 是晶体管的基极-发射极间电压。具体的说,是将测试器的正引线(红色线)接到基极,负引线(黑色线)接到发射极上测出的电压。

相反,V_{EB} 是晶体管的发射极-基极间的电压。是将测试器的正引线接到发射极,负引线接到基极测得的电压。因此,在 V_{BE} 和 V_{EB} 之间下面的关系成立:

$$V_{EB} = -V_{BE}$$

2.10 共集电极电路

2.10.1 射极跟随器

图 2.12 所示电路是典型的共集电极电路。这个电路也称为"射极跟随器"。

请看一下图 2.34。作为 V_S，设加上 $\pm1V$ 的三角波。此时，输入电压 V_{in} 和输出电压 V_O 的关系近似地为

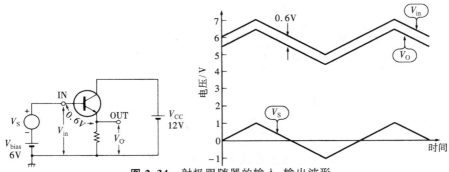

图 2.34 射极跟随器的输入、输出波形

$$V_O = V_{in} - V_{BE} \approx V_{in} - 0.6 \qquad (2.42)$$

显然，I_B 随 V_{in} 一起变化。但是，如在晶体管基本特性处所见到的那样，即使 I_B 大幅度地变化，V_{BE} 的变化也是很微小的。

因此，如将 V_{BE} 看作是一定的，如图 2.34 所示，V_O 在 V_{in} 的下方仅移动约 0.6V，波形则随着 V_{in} 的波形而变化。就是说，由于发射极端头的电压跟随着输入电压而变化，所以称为射极跟随器。

2.10.2 特　点

共集电极电路具有如下的特点：

① 电压增益几乎为 1 倍；

② 输入阻抗高；

③ 输出阻抗低；

④ 失真系数低；

⑤ 频率特性好；

⑥ 必须采取防振荡措施。

电压增益几乎为 1 倍，这从图 2.34 所示输入输出波形即可看出。在后面将用数学式子进行证明。

关于射极跟随器输入、输出阻抗,在应用电路中进行分析。

2.10.3 制 作

首先制作图 2.35 所示的射极跟随器。确定工作点的方法与图 2.24 一样。但是,在射极跟随器中,对发射极电阻(R_4)的直流压降设计成 V_{CC} 的 1/2 左右。

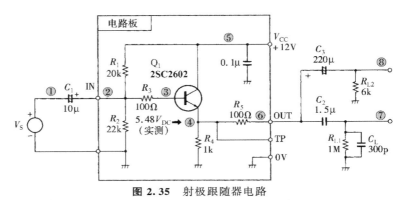

图 2.35 射极跟随器电路

R_3 和 R_4 是防止振荡用的电阻,分别安装在基极和发射极端附近(图 2.36)。

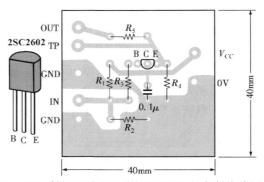

图 2.36 射极跟随器电路板(EMF1)的印制线路图

对于晶体管,使用了 h_{FE} 大的,能流过 I_C 比 2SC1815 更大的 2SC2602(三菱)。但也可以使用便于买到的 2SC945、2SC1815、2SC1844 等。对于高耐压类型的额定 I_C 小(大约在 50mA 以下)的晶体管(如 2SC1775,2SD756 等),如使用本电路那样低的电源电压,则如图 2.37 所示,输出电压波形就很拥挤。

在所有用途上都能使用的万能晶体管是没有的。寻找适合各自用途的晶体管也是电路设计者的工作之一。另外,为了即使使

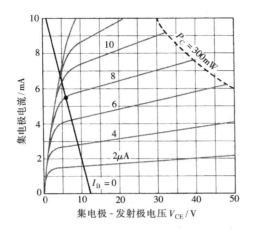

图 2.37　2SC1795/1775A 的发射极接地的输出
静态特性和 $R_L = 1k\Omega$ 的负载线

用性能稍差些的晶体管,也能使电路顺利地进行工作,有必要使电路具有一定的容限。

在很多情况下,由于射极跟随器流过很大的 I_C,所以要注意消耗功率 P_C。将 P_C 控制在最大额定值的 1/3 左右。

2.10.4　利用 SPICE 进行验证

射极跟随器的电路文件示于清单 2.5 中。用 AC 解析来分析一下频率特性(图 2.38)。3dB 高频截止频率(增益下降 3dB 的频率,也称为半功率频率)约为 5MHz。与前述的两个共射极电路(图 2.21,图 2.27)相比较,带宽更宽。

可以把傅里叶解析结果写入到输出文件"EMFI. OUT"中去(清单 2.6)。清单 2.6 是在 V_S 为 1kHz,施加单侧峰值振幅为 3V 的正弦波电压时,在节点 8 的傅里叶变换结果。

对清单 2.6 稍作如下说明:

• HAMONIC NO
　谐波的次数(如果是 2,即为 2 次谐波)
• FREQUENCY
　谐波频率
• FOURIER COMPONENT
　各谐波的单侧峰值振幅
• NORMALIZED COMPONENT

```
EMF1 - 1 Transistor emitter follower

Vcc  5 0 DC 12V
VS   1 0 AC 1V SIN(0 3 1KHz)
C1   1 2 10U
R1   5 2 20K
R2   2 0 22K
R3   2 3 100
R4   4 0 1K
R5   4 6 100
C2   6 7 1.5U
RL1  7 0 1MEG
CL   7 0 300P
Q1   5 3 4 QC2602
C3   6 8 220U
RL2  8 0 6K

.MODEL QC2602 NPN (IS=1.7E-13 BF=500 XTB=1.7
+                 VA=100 IK=0.3 RB=3 CJC=21P
+                 CJE=80P TF=0.9n TR=36n)

.FOUR 1000Hz V(8)
.OP
.AC DEC 20 10 10MEG
.TRAN 5us 5ms 0 5us
.PROBE
.END
```

清单 2.5 射极跟随器(图 2.35)的电路文件

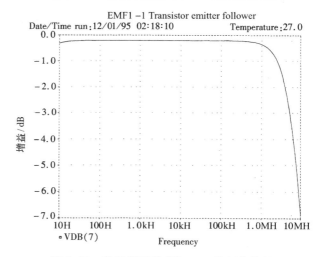

图 2.38 射极跟随器(图 2.35)的频率特性

用基波进行归一化后的各谐波的振幅,即谐波失真系数
- PHASE

各谐波的相位(单位为度)
- NORMALIZED PHASE

与基波的相位差

当具体为表示节点 8 的 AC 电压 $V(8)$ 时,则有

```
EMF1 - 1 Transistor emitter follower
****        FOURIER ANALYSIS              TEMPERATURE =    27.000 DEG C
****************************************************************************

FOURIER COMPONENTS OF TRANSIENT RESPONSE V(8)

DC COMPONENT =  -1.841013E-03

HARMONIC   FREQUENCY    FOURIER    NORMALIZED    PHASE      NORMALIZED
  NO         (Hz)      COMPONENT   COMPONENT     (DEG)      PHASE (DEG)
   1       1.000E+03   2.931E+00   1.000E+00    8.423E-02   0.000E+00
   2       2.000E+03   3.121E-03   1.065E-03   -9.135E+01  -9.143E+01
   3       3.000E+03   7.213E-04   2.461E-04    9.558E-01   8.716E-01
   4       4.000E+03   2.120E-04   7.235E-05    8.425E+01   8.416E+01
   5       5.000E+03   5.637E-05   1.923E-05   -1.776E+02  -1.777E+02
   6       6.000E+03   3.330E-05   1.136E-05   -1.105E+02  -1.106E+02
   7       7.000E+03   7.574E-06   2.584E-06    3.344E+01   3.336E+01
   8       8.000E+03   1.480E-05   5.051E-06    7.809E+01   7.801E+01
   9       9.000E+03   6.658E-06   2.272E-06   -1.170E+02  -1.171E+02

   TOTAL HARMONIC DISTORTION =    1.095695E-01 PERCENT
```

清单 2.6　射极跟随器(图 2.25,清单 2.5)的傅里叶变换结果

$$V(8) = \sum_{n-1}^{9 \leftarrow \text{失真值(可改变)}} a_n \sin(n\omega t + \phi_n) \quad\quad \text{相位(弧度)} \tag{2.43}$$

$$\omega = 2\pi f$$

傅里叶成分

$$n \text{ 次谐波失真系数} \quad D_n = \frac{a_n}{a_1} \tag{2.44}$$

TOTAL HARMONIC DISTORTION 是总的谐波失真系数,多用缩写 THD 表示。它可用下式表示:

$$\text{THD} = \sqrt{{D_2}^2 + {D_3}^2 + \cdots + {D_n}^2} \tag{2.45}$$

THD 与用一般的失真系数计测量的"失真系数"是同一值。

如清单 2.6 所示,V(8)的 THD 为:

$$\text{THD} = 1.095695\text{E}-01 \quad \text{PERCENT}$$

即可以算出为 0.1095695%。

实测的失真系数特性表示在图 2.39 中,与模拟结果十分符合。傅里叶解析的振幅为单侧峰值,而图 2.39 的输出电压是有效值,对于正弦波电压,用下式进行变换:

$$A_{\text{RMS}} = A_{\text{HP}}/\sqrt{2} \tag{2.46}$$

式中,A_{RMS} 为有效振幅值;A_{HP} 为单侧峰值振幅。

与共射极电路相比,射极跟随器的失真系数要好一个数量级。这是由于在电路中加了大量的 NFB 的缘故。作为其副作用,存在容易产生高频(数十兆赫以上)振荡的缺点。但是,若不能自如地

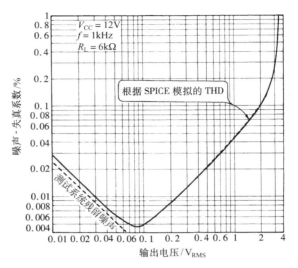

图 2.39 射极跟随器(图 2.35)的实测失真系数特性

掌握射极跟随器,作为技术人员是不全面的。

　　印制电路板(照片 2.3)完成之后,首先进行稳定性测量。由于射极跟随器是容性负载,所以极易产生振荡,因而在图 2.35 所示电路的节点 6 处,作为负载接上 0~0.01μF 的电容。然后用示波器观察脉冲响应。示波器的探头放到图 2.35 的测试点(TP)。这比放在节点 6 处进行测试更为严格。如果是得到照片 2.4 那样的波形就可以了。当发现有过冲时,就增加 R_3 的值。并且,绝对不可以省略 R_5。

照片 2.3 完成后的电路板

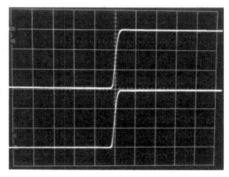

照片 2.4 图 2.35 电路的正常的输入、输出波形(上图:输出,下图:输入)

2.11 Sallen-Key 型高通滤波器

由于滤波器是与放大器相连接的电路,所以下面来试着制作滤波器。

图 2.40 是称为(Sallen-Key)型的二次有源滤波器。图 2.40 (a)是低通滤波器(LPE),简言之就是将高频成分滤除的滤波器。反之,图 2.40(b)则是滤除低频成分的滤波器,称为高通滤波器(HPF)。如将多级 Sallen-Key 型滤波器进行串接,就可以得到各种类型的频率特性。

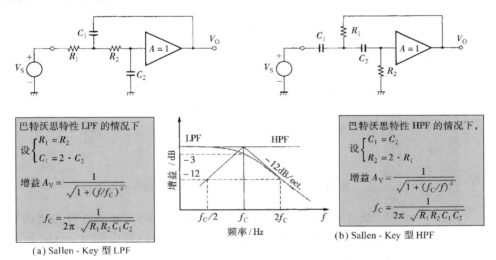

(a) Sallen - Key 型 LPF

(b) Sallen - Key 型 HPF

图 2.40 巴特沃思特性的 Sallen-Key 型 LPF 和 HPF

2.11.1 巴特沃思特性高通滤波器的设计

在本节将设计使用一级 Sallen-Key 型滤波器的巴特沃思 (Butterworth)高通滤波器。

二次巴特沃思特性 HPF 增益 A_V 的频率特性由下式给出:

$$A_V \equiv \left| \frac{V_O}{V_S} \right| = \frac{1}{\sqrt{1+(f_c/f)^4}} \qquad (2.47)$$

对于使用 Sallen-Key 电路的放大器,当

- 放大度 $A = 1$ 倍
- 输入阻抗 $Z_{in} = \infty$
- 输出阻抗 $Z_{out} = 0$

时,可以得到理论上的频率特性。

因此,现在可使用全反馈 OP 放大器。但是 Sallen-Key 电路的发明是在 1955 年,当初使用的是真空管式的称为阴极输出放大器的放大器,用射极跟随器代替它,就变成了 OP 放大器。为什么进行了替换,完全是电路进化论的本质决定的。这将在后面进行阐述,现在,先来做电路设计。

2.11.2 电路设计

在先前完成的印制电路板(EMFI)上,增加两个电容 C 与 1 个电阻 R,就制作出图 2.41 所示的 Sallen-Key 型 HPF。

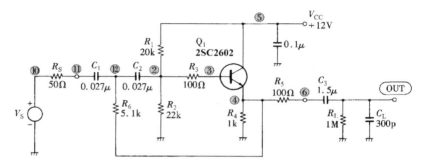

图 2.41 巴特沃思特性的 Sallen-Key 型高通滤波器

请注意图 2.41 中的两个电阻 R_1 与 R_2。两个电阻构成偏置电路的同时,其并联合成阻值($10.4762k\Omega$)即为图 2.40(b)所示电路中的 R_2。

2.11.3 过去的一个元器件要承担多种任务

在阶层化设计还未成熟的时代,为了减少元器件数目,使一个元器件起多种作用,曾是一种很时尚的设计思想。

在我还小的时候,有一种叫作"来复式无线电"的电路方式。这是用 1 只管子兼做高频放大与低频放大的电路。首先将 AM 信号进行高频放大,然后用二极管检波、并取出低频信号然后再次将它输入到高频放大晶体管,这次则是作为进行低频放大用的管子。在创意方面是非常有趣的。并且在晶体管非常昂贵的时代,也有其恰如其分的价值。然而,在一个元器件中"塞进"许多功能的设计手法具有重大的缺点——即电路的改良和变更是很麻烦的。因此,Sallen-Key 型滤波器也用 OP 放大器进行阶层化,朝着实现图 2.40 所示原理电路的方向进化。

2.11.4 实际电路

即使是图 2.41 所示电路也具有相当的实用性。首先探讨一下图 2.35 所示射极跟随器在多大程度上接近于理想放大器（$A=1$，$Z_{in}=\infty$，$Z_O=0$）。如果相差悬殊，图 2.40 中所给出的计算式就没有意义。

当使用上述的共射极 h 参数等效电路（图 2.9）时，通常的射极跟随器（图 2.42(a)）的小信号等效电路则可以用图 2.42(b) 表示。使用该等效电路和式（2.25），则 Z_{in}、Z_O、增益 A 可以分别用下述公式表示：

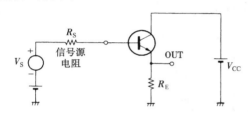

(a) 一般的射极跟随器

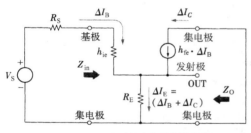

(b) 图 (a) 电路的小信号等效电路

图 2.42 一般的射极跟随器和小信号等效电路

$$Z_{in}=\frac{h_{ie}\Delta I_B+R_E(\Delta I_B+\Delta I_C)}{\Delta I_B}$$

$$=h_{ie}+R_E(1+\Delta I_C/\Delta I_B)$$

$$=h_{ie}+R_E(1+h_{fe})$$

$$Z_o=\frac{-(R_S+h_{ie})\Delta I_B}{-\Delta I_E}$$

$$=\frac{R_S+h_{ie}}{1+h_{fe}}$$

$$\approx\frac{R_S}{h_{fe}}+\frac{1}{g_m}$$

$$A=\frac{R_E(\Delta I_B+\Delta I_C)}{(R_S+h_{ie})\Delta I_B+R_E(\Delta I_B+\Delta I_C)}$$

$$=\frac{R_E(1+h_{fe})}{(R_S+h_{ie}+R_E(1+h_{fe})}$$

$$=\frac{R_E}{\left(\dfrac{R_S+h_{ie}}{1+h_{fe}}\right)+R_E}$$

$$\approx\frac{R_E}{Z_o+R_E}$$

$$Z_{in}=h_{ie}+(1+h_{fe})R_E\approx h_{fe}R_E \tag{2.48}$$

$$Z_O\approx\frac{1}{g_m}+\frac{R_S}{h_{fe}} \tag{2.49}$$

$$A\approx\frac{R_E}{Z_O+R_E} \tag{2.50}$$

对于图 2.41 所示射极跟随器，$h_{fe}=500$，$R_E=1\mathrm{k\Omega}$，$R_S\approx 10\mathrm{k\Omega}$，$g_m=0.2\mathrm{S}$，将它们分别代入上式，则得到

$$Z_{in}\approx500\mathrm{k\Omega}$$

$$Z_O\approx25\Omega$$

$$A\approx0.976$$

该 Z_{in} 与图 2.40(b)所示电路的 R_2 并联连接,使 f_C 约增加 1%。可以说,Z_O 和 A 是没有问题的值。

2.11.5　SPICE 模拟

为可靠起见,用 SPICE 进行验证。如果 Z_{in} 是 ∞,由图 2.40 给出的计算式可知,3dB 截止频率应该是 806Hz。模拟结果如图 2.43 所示,在 806Hz 处下降 3.14dB。另外,实测的 3dB 截止频率为 815Hz(图 2.44)。可以说,在实用上这个误差是完全没有问题的。

```
HIPASS - Sallen & Key HPF
***************************
* 2nd. order Butterworth *
***************************

Vcc  5  0   DC  12V
VS   10 0       AC 1V
RS   10 11   50
C1   11 12   0.027U
C2   12 2    0.027U
R6   12 4    5.1K
R1   5  2    20K
R2   2  0    22K
R3   2  3    100
R4   4  0    1K
R5   4  6    100
C3   OUT 6   1.5U
RL   OUT 0   1MEG
CL   OUT 0   300P
Q1   5  3 4  QC2602

.LIB BG1.LIB
.AC DEC 100 100 100K
.PROBE
.END
```

清单 2.7　Setten-Key 型 HPF(图 2.41)的电路文件

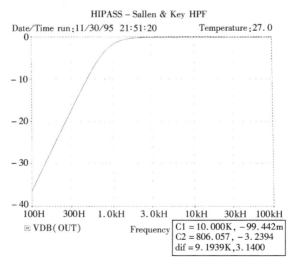

图 2.43　Sallen-Key 型 HPF(图 2.41)的频率特性模拟结果

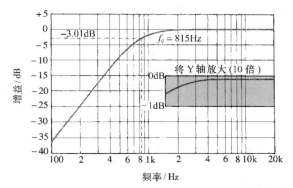

图 2.44　Sallen-Key 型 HPF(图 2.41)的实测频率特性

2.12　双 T 型正弦波振荡器

2.12.1　双 T 电路的概念

图 2.45 所示是双 T 电路和由 OP 放大器构成的陷波(notch)滤波器(具有 V 字形频率特性的滤波器)。这种电路常被用在消除交流声和消除失真系数计的基波的电路中。该电路的特点是利用正反馈使 f_{notch} 附近的增益增大,以获得尖锐的陷波特性。正反馈率 $k = R_2/(R_1 + R_2)$ 越接近 1,频率特性就越尖锐(图 2.46)。

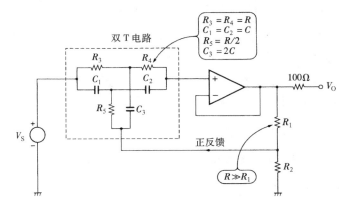

图 2.45　使用双 T 电路的陷波滤波器

但是,当 k 无限接近 1 时往往会产生振荡。是否产生振荡,全凭双 T 电路元件值的误差走向而定。

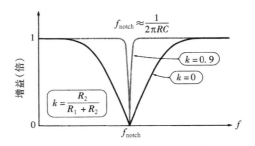

图 2.46 陷波滤波器(图 2.45)的频率特性概念图

图 2.47 是将图 2.45 电路对反馈部分进行修改后的电路。在该图中,将信号源 V_S 短路除去,则该电路不过是一个由有源元件构成的带通滤波器,如果各元件的值正确地满足下列条件:

$$\left.\begin{array}{l} R_3 = R_4 = R \\ R_2 = R/2 \\ C_1 = C_2 = C \\ C_3 = 2C \end{array}\right\} \tag{2.51}$$

则在 f_0 处,$|V_2/V_1|$ 刚好为 1。因此,如设定衰减器的增益 k 为 1,则成为振荡器。但因元件值有误差,$|V_2/V_1|$ 也往往达不到 1,此时就不产生振荡。

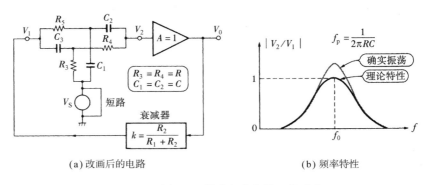

(a) 改画后的电路　　　　　　　　(b) 频率特性

图 2.47 图 2.45 所示电路的另一种形式

在这里,保持 $C_1 = C_2 = C$,且 $R_3 = R_4 = R$,同时,对 C_3 和 R_5 规定如下:

$$\left.\begin{array}{l} C_3 = 2(1+m)C \\ R_5 = \dfrac{R}{2(1+m)} \end{array}\right\} \tag{2.52}$$

如 $m > 0$,则 $|V_2/V_1|$ 在 f_0 处超过 1,能得到真正的振荡。振荡频率与 m 无关,为

$$f_0 = \frac{1}{2\pi RC} \tag{2.53}$$

如果使用的 R 和 C 是 J 级（±5%），m 的值，则 0.2 左右是安全的（确实振荡）。

在只有电容 C 和电阻 R 的电路中，$|V_2/V_1|$ 大于 1，可能感到有些不可思议。请用 SPICE 进行验证。这确实是可能的。

2.12.2　实际电路

基于上述考虑进行设计的电路是图 2.48 所示电路。R_0 和 R_1 是偏置电阻。R_0 和 R_1 的并联合成值相当于图 2.45 中的 R_3。为了调整正反馈率，插入了半固定电阻（100Ω）。

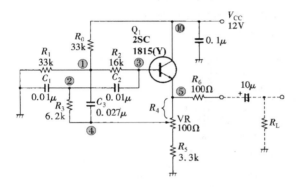

图 2.48　双 T 型正弦波振荡器

印制线路图表示在图 2.49 中。R_2 的引脚间距仅为 7.5mm（照片 2.5）。

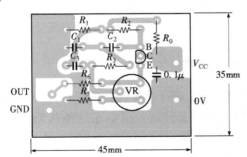

图 2.49　双 T 型正弦波振荡器的印制线路图

该振荡器（图 2.48）的电路文件表示在清单 2.8 中，在实际电路中，是由电源接通时的冲击或者电路的噪声来起动振荡的。

照片 2.5 完成后的双 T 型正弦波振荡器
（OSC1）的电路板

```
OSC1 - Twin_T type  Oscillator

Vcc 10 0 DC 12V

R0 10 1    33K
R1 0  1    33K
R2 1  3    16K
R3 2  4    6.2K
R4 4  5    50
R5 4  0    3.3k
C1 2  0    0.01U IC = 6V
C2 2  3    0.01U
C3 1  4    0.027U
Q1 10 3 5 QC1815     ;2SC1815(Y)

.MODEL QC1815 NPN (IS=1E-14 BF=170 XTB=1.7
+               BR=3.6 VA=100  RB=50  RC=0.76
+    IK=0.25  CJC=4.8p CJE=18p TF=0.5n TR=20n)

.OP
.TEMP 0 50
.TRAN 10us  10ms  0  10us  UIC
.PROBE V(5)
.END
```

清单 2.8 双 T 型正弦波振荡器（图 2.48）的电路文件

2.12.3 SPICE 模拟

在 SPICE 中,最先进行计算的是偏置点。将电路设定在平衡状态,然后开始进行瞬态分析。所以在这种状态下是不开始振荡的。因此,为了破坏平衡,在 C_1 上加上 6V 初始电压,即在电路文件中,加上如下所示的 IC＝6V:

$$C1 \quad 2 \quad 0 \quad 0.01U \quad IC＝6V$$

进而,在 TRAN 指令的最后,预先写上结束偏置点计算的 UIC。

瞬态分析结果示于图 2.50 中。由图可知,约在三个波动

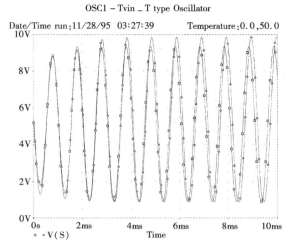

图 2.50　双 T 型正弦波振荡器(图 2.48,清单 2.8)的
瞬态分析($T=0℃/50℃$)

之后就趋近于恒定振幅。用探头的图像放大菜单将 X 轴放大
则可看出输出波形在负的头部处稍有失真(参见图 2.51)。可
以读出周期为 1ms。即振荡频率约为 1kHz。实际测量为
1.005kHz。

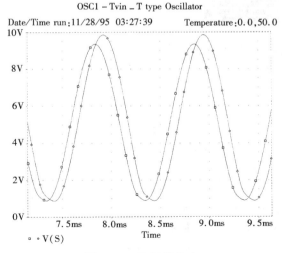

图 2.51　将 X 轴放大

2.12.4 实测数据

实测波形表示在照片 2.6 中,与模拟结果非常相似。如果希望得到更好的波形,则朝增加图 2.48 中 R_4 的方向来调整半固定电阻。虽然失真系数下降,但同时输出电压也下降了。

但是,失真系数下降到 1.5% 以下是不允许的。这是由于该振荡器是由波形失真来稳定振幅的。输出电压和失真系数与负载电阻有关,在改变负载电阻时,对半固定电阻要重新进行设定(图 2.52)。

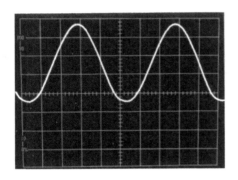

照片 2.6 双 T 型正弦波振荡器的波形
(2V/div. ,200μs/div.)

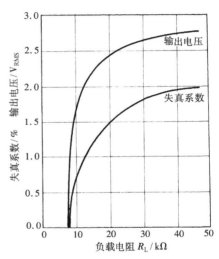

图 2.52 双 T 型正弦波振荡器(图 2.48)的输出电压,失真系数与负载电阻的关系实测特性

lg$x$ 和 ln$x$

lg$x$ 表示以 10 为底的常用对数。有时也表示以 e 为底的自然对数。因此将自然对数写成 ln$x$,以与常用对数进行区别。

2.13　反向晶体管

2.13.1　反向晶体管是否能工作

　　在前面已对晶体管的结构和偏置状态(图 1.6)进行了说明。一看图就知道,集电极、发射极都是同一种类型的区域(如果是 NPN 型晶体管,则都是 N 区域)。那么将集电极和发射极进行交换,例如以图 2.53 那样的偏置状态使用,是否也能工作? 有这种想法是很自然的事情。

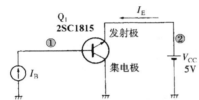

图 2.53　反向连接工作时的 I_E-I_B 特性的测量电路

　　实际上,如图 2.53 所示,使集电结正向偏置,发射结反向偏置来使用称为反向连接工作。此时,基极电流由基区流向集电区,发射极电流则是由发射区流向集电区。

2.13.2　SPICE 模拟

　　如果对这种情况用 SPICE(清单 2.9)进行模拟,则可以得到图 2.54 所示的 I_E-I_B 特性。$I_B=1mA$ 时,I_E 是 3.6mA。可见,电流放大率是非常低的。

```
INVERSE.CIR - Inverse region operation

Vcc  2 0    DC 5V
IB   0 1    DC 1A
Q1   0 1 2 QC1815  ;2SC1815(Y)

.MODEL QC1815 NPN (IS=1E-14 BF=170
+    XTB=1.7   BR=3.6 VA=100   RB=50   RC=0.76
+    IK=0.25   CJC=4.8p CJE=18p TF=0.5n TR=20n)

.DC DEC IB 1uA 1mA 10
.PROBE
.END
```

清单 2.9　反向连接工作测量电路(图 2.53)的电路文件

　　为什么 $I_E/I_B=3.6$? 这是由于在清单 2.9 的 2SC1815(模型名 QC1815)的模型参数中,已取 BR=3.6 的缘故。

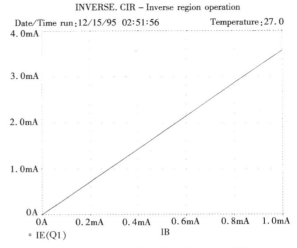

图 2.54　反向连接工作时的 I_E-I_B 特性

BR 代表 β_R（反向连接时的电流放大率），这是一个通过对晶体管进行实际测量就能确定的参数。通常 β_R 是 $0.5\sim10$ 左右的值。与 β_F 是 $50\sim1000$ 的情况相比，有数量级上的差别。

在图 1.6 所示晶体管结构的示意图中，集电区和发射区是对称的。但在实际的晶体管中，集电区与发射区的杂质浓度差别很大，决不是对称的结构。

反向连接工作还有一个大缺点。在 2SC1815 的情况下，V_{CEO} 的最大额定值是 5V，所以电源电压必须控制在 5V 以下。

在图 2.53 所示电路中。如逐步加大 V_{CC}，在达到某个电压值时，会突然有大的发射极电流开始流动。这种现象称为"发射结击穿"。

2.13.3　与齐纳二极管的密切关系

通常，在 PN 结二极管上加上反向偏压，则在某个电压值（称为齐纳电压）开始有大电流流动（图 2.55）。齐纳电压 V_Z 与 PN 结的杂质浓度有关，杂质浓度越高 V_Z 就越小。利用这个性质制作的器件就是稳压二极管。如图 2.55(b) 所示，在反向偏置状态下使用。

由于晶体管的发射结和集电结都是 PN 结。所以都能使它们产生击穿。但是，在大部分情况下都不希望发生击穿。所以晶体管通常都是在其最大额定电压（V_{CBO}，V_{EBO} 等）的范围内使用。

换言之，V_{CBO} 是保证集电结不发生击穿的反向偏置电压的上限，而 V_{EBO} 是保证发射结不发生击穿的反向偏置电压的上限。通

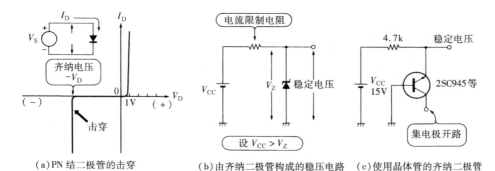

(a) PN 结二极管的击穿　　　　(b) 由齐纳二极管构成的稳压电路　　(c) 使用晶体管的齐纳二极管

图 2.55　PN 结的击穿和齐纳二极管

常，$|V_{CBO}| > |V_{EBO}|$，这是因为发射结的杂质浓度比集电结的杂质浓度高。

　　实际的晶体管发射结击穿电压是 $7 \sim 10V$ 左右，利用这个性质，如图 2.55(c) 所示，晶体管可以作为稳压二极管使用。

2.13.4　要注意局部的击穿

　　发射结局部击穿的晶体管不能再次作为晶体管来使用。这是由于因击穿而产生的基极反向电流积累在晶体管内部的基区中性区域（夹在发射结与集电结中间的区域），从而使 h_{FE} 下降，噪声特性变坏的缘故。这是不可恢复的损坏。因此，在实际的晶体管电路中，即使是瞬时地也不许使发射结发生击穿。

　　在 SPICE 的二极管模型中，能根据参数 BV 来指定击穿电压。但是，在晶体管模型中，并没有考虑击穿参数。因此，对于 SPICE 模拟而言，即使加上超过最大额定电压的电压，也能宛如正常工作那样进行模拟。另外，也都没有考虑由于晶体管的 P_C 和自身发热而引起的结温的升高。所以即使用 SPICE 模拟判定为没有问题，也有必要尽可能地用实际电路进行验证。

2.14　雪崩模式张弛振荡器

　　利用发射结击穿电压低的特性，能很容易地产生"锯齿波"与"脉冲波"的振荡。该电路表示在图 2.56 中。

　　在刚刚接通电源时，晶体管为截止（端电流为 0）。所以 C_1 通过 R_1 进行充电，V_{OUT} 以指数函数形式上升，但是当发射极电压达

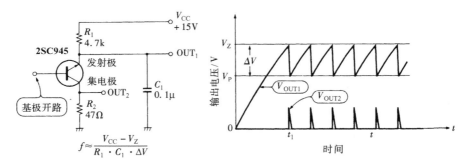

图 2.56 雪崩模式张弛振荡器

到齐纳电压 V_Z，发射结则发生击穿。

此时，发射极电流的载流子在通过发射结时发生雪崩倍增，电流放大率为 ∞，所以流过的发射极电流非常大。从 C_1 抽取电荷，V_{OUT} 就会快速下降，当 V_{OUT} 下降到图 2.56 中的 V_P 时，晶体管再次截止，往后将重复同样的过程。

V_P 与 R_2 的值有关，R_2 越小 V_P 就越低，R_2 在 $10\sim100\Omega$ 左右是适当的。锯齿波和脉冲波的重复频率近似地可用下式表示：

$$f \approx \frac{V_{CC} - V_Z}{V_Z - V_P} \cdot \frac{1}{R_1 C_1} \tag{2.54}$$

在使用 2SC945 时，对于图 2.56 给出的元件值，其实测值 $f=6157\mathrm{Hz}$。OUT_1 和 OUT_2 的波形表示在照片 2.7 中。

该电路可以不断地使用，但是在该电路中使用的晶体管不能再用到其他的电路中。

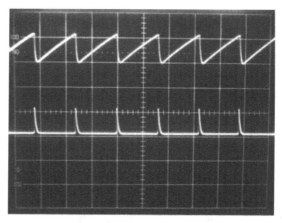

照片 2.7 雪崩模式振荡器的输出波形（2V/div., 100μs/div.）

第 3 章
双管电路的设计与制作

3.1 双管反相放大器

3.1.1 双管电路的设计方针

　　单管电路共同的特点是对直流工作和交流工作分别进行讨论,在遇到麻烦时,就用电容将直流成分去除,是一种既方便又容易的分析方法。

　　但是,在多级放大器中采用这种方法,就会到处都是电容器。因此,设计方针变成将各级直接进行连接,从最后一级到初级加上一个环路的直流 NFB。使各级工作点一并进行稳定化。

　　其例子表示在图 3.1 中。初级是共射极连接,第二级是共集电极连接。用虚线表示的 $47\mu F$ 是自举电容。有关这个问题将在后面详细叙述。首先制作将它去除掉的放大器。由于晶体管增加为双管,所以设计反而变得方便了。

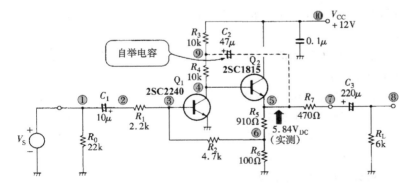

图 3.1 双管反相放大器

与前述的单管放大器(图 2.14,图 2.22)相比,图 3.1 中的初级的集电极负载电阻可使用相当大的阻值(20kΩ)。因此,直流集电极电流被抑制在约 0.3mA。

虽然在这里没有详细介绍,但晶体管的集电极电流 I_C 过少或者过大都会使 S/N(信噪比:信号与噪声大小的比率)变坏。在现在的情况下,初级的 I_C 为 0.3mA 是合适的。由于 V_{CE} 为 $V_{CC}/2$,即 6V 左右是合适的,所以,初级的集电极电阻($R_3 + R_4$)必须为 20kΩ。

如果第 2 级不是共集电极电路,$R_L = 6kΩ$(为失真系数计的 Z_{in})在交流上是与($R_3 + R_4$)并联连接的,所以初级的交流负载电阻大大减低。因此,当插入 Q_2 的共集电极电路时,Q_2 的 Z_{in} 近似地遵从下式:

$$Z_{in} \approx h_{fe} \left[(R_5 + R_6) // R_L \right]$$

如设 $h_{fe} > 100$,则 Z_{in} 就能够确保在 100kΩ 以上。虽然这个 Z_{in} 与($R_3 + R_4$)= 20kΩ 在交流上是相并联的。但能够抑制交流负载电阻下降 20% 是没有问题的。

3.1.2 工作点的计算

该放大器的所有工作点都是以 Q_1 的 V_{BE} 为基准确定的。在节点 5(⑤)和节点 6(⑥)处的电压为:

$$\frac{V(6)}{V(5)} = \frac{R_6}{R_5 + R_0} \approx 1/10$$

由于 $V(6)$ 几乎等于 Q_1 的 V_{BE}($\approx 0.6V$),所以 Q_2 的发射极电压 $V(5)$ 约为 6V,故 Q_1 的 V_{CE} 定为 $V_{CE} = V(6) + V_{BE}(Q_2) \approx 6.6V$

根据 SPICE 模拟(清单 3.1),在 $T = 27℃$ 时,各工作点的偏置电压分别为:

$$V_{BE(Q_1)} = 0.5702V$$
$$V(6) = 0.5730V$$
$$V(5) = 5.7874V$$
$$V_{CE(Q_1)} = 6.4882V$$

另外,在 20℃ 的室温下,$V(5)$ 的实测值为 5.84V。

```
STAGE2A - common emitter+common collector

Vcc 10 0 DC 12V
Vs    1 0   AC 1V sin(0 {VIN} 1KHz)
*Vs   1 0   AC 1V sin(0 {VIN} 20KHz)
R0    1 0   22k
C1    1 2   10u
R1    2 3   2.2k
R2    3 6   4.7k
R3    9 10  10k
R4    9 4   10k
* C2  9 5   47u
R5    5 6   910
R6    6 0   100
R7    5 7   470
C3    7 8   220U
RL    8 0   6K
Q1    4 3 0   QC2240
Q2    10 4 5  QC1815

.MODEL QC2240 NPN (IS=6.3E-14 BF=400
+      XTB=1.7 RB=20 TF=0.7NS TR=28NS
+      CJE=44PF CJC=7.6PF VAF=200)
.LIB BG1.LIB
.PARAM VIN = 1
.STEP PARAM VIN LIST 0.1 0.15 0.2 0.25
.TRAN 10us 1ms
.FOUR 1KHz V(8)
*.TRAN 0.5us 50us
*.FOUR 20KHz V(8)
.OP
.AC DEC 20 1 10MEG
.PROBE
.END
```

清单 3.1 双管反相放大器(图 3.1)的电路文件

3.1.3 增益的计算

图 3.1 所示电路的小信号等效电路示于图 3.2。A 被称作 "开环增益"或者"裸增益"。简言之,就是去掉 NFB 时的增益。实际上,去掉 NFB 则工作点不稳定,所以正确地说,应是"假想将 NFB 去掉时的增益"。

图 3.2 是用一般的 OP 放大器构成的反相放大器及其电路形式。所以当 $A \rightarrow \infty$,且 $R_5 \mathbin{/\mkern-3mu/} R_6$ 比 R_2 足够小时,可以估算出:

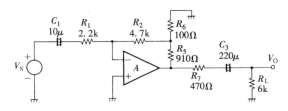

图 3.2 双管反相放大器(图 3.1)的小信号等效电路

$$\frac{V_O}{V_S} \approx \left(\frac{-R_2}{R_1}\right)\left(\frac{R_5+R_6}{R_6}\right)\left(\frac{R_L}{R_7+R_L}\right) \approx -20(倍)$$

如用"分贝"来表示,则约为 26dB。

3.1.4 制 作

现在,就进行制作来验证一下。电路板图形如图 3.3 所示。完成后的电路板如照片 3.1 所示。

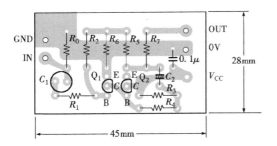

图 3.3 双管反相放大器(图 3.1)的元件配置和印制线路图(铜箔面)

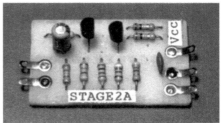

照片 3.1 完成后的双管反相放大器(STAGE2A)的电路板

完成后的测试顺序与单管放大器一样。要对下列问题进行确认:①输入正弦波时要能输出如模拟结果一样的波形;②在脉冲响应中没有过冲和振荡;③没有高频振荡等。

3.1.5 自 举

实测的频率特性表示在图 3.4 中。实测的失真系数特性表

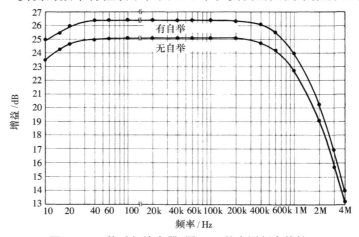

图 3.4 双管反相放大器(图 3.1)的实测频率特性

示在图 3.5 中。实测增益约比计算值低 1dB，为 25.1dB，其原因是开环增益 A 并不像所认为的 ∞ 那么大的缘故。

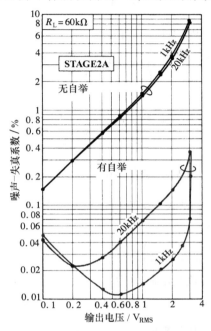

图 3.5　双管反相放大器（图 3.1）的实测失真系数特性

用来提高开环增益，改善失真系数的是"自举"电路。

按图 3.1 中虚线所示连接自举电容 $C_2 = 47\mu\text{F}$，则 R_3 和 R_4 的中点在交流上连接到 Q_2 的发射极，可以导出图 3.6 所示的小信号等效电路。Q_1 的负载阻抗 Z_L 可通过求解下述的方程得到：

$$
\left.
\begin{aligned}
Z_L &= \frac{V_1}{I_1} \\
V_1 &= \Delta I_B \left[h_{ie} + (1 + h_{fe}) R_L{}' \right] \\
&\approx \Delta I_B h_{fe} R_L{}' \\
R_L{}' &= \left[R_3 \mathbin{/\mkern-5mu/} (R_5 + R_6) \mathbin{/\mkern-5mu/} (R_7 + R_L) \right] \\
&\approx 800\Omega \\
I_1 &= I_2 + \Delta I_B \\
I_2 R_4 &= \Delta I_B h_{ie}
\end{aligned}
\right\}
\tag{3.1}
$$

对式（3.1）进行求解，则 Z_L 可由下式给出：

$$
Z_L = \left(\frac{R_4}{R_4 + h_{ie}} \right) h_{fe} R_L{}'
\tag{3.2}
$$

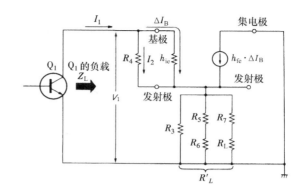

图 3.6 带自举的小信号等效电路

可以用前述的式（2.25）计算 h_ie，在 $h_\mathrm{fe}=170$ 时，$h_\mathrm{ie}\approx 800\Omega$。因此，

$$Z_\mathrm{L}=\left(\frac{10^4}{10^4+800}\right)\times 170\times 800=126(\mathrm{k\Omega})$$

Z_L 即 Q_1 的交流负载电阻约为 Q_1 的直流负载电阻（$R_3+R_4\approx 20\mathrm{k\Omega}$）的 6 倍。

3.2 厄利效应

由图 3.6 可知，由于 Q_1 的负载为上述的 Z_L，所以 Q_1 的增益约增加 6 倍，如果 Q_2 使用 h_fe 更高的晶体管，增益应该进一步增加。但是实际上，如此美好的神话没有继续下去的道理。这是由于 Q_1 的厄利（Early，人名）效应抑制了 Q_1 的增益。

在晶体管的基本特性部分已经介绍过，I_C-V_CE 特性为水平形状。而实际上它具有如图 3.7 所示的斜率。将各特性曲线向左侧延长，则有在 X 轴上的某一点结成焦点的倾向[5]。称焦点的电压的绝对值为厄利电压。在 SPICE 中，用 VA 或者 VAP 来表示。因所谓厄利效应的物理现象（基区宽度调制效应）导致

- 电流放大率增加；
- 产生输出电导。

关于前者，从图 3.7 就可看出。实际上，SPICE 的 BF（β_F）是在 $V_\mathrm{CB}=0$ 时的直流放大率。而在工作点 M 处的 h_FE 因厄利效应，按下式增大：

$$(h_\mathrm{FE})_\mathrm{M}\approx\left(1+\frac{(V_\mathrm{CE})_\mathrm{M}}{V_\mathrm{A}}\right)\beta_\mathrm{F} \tag{3.3}$$

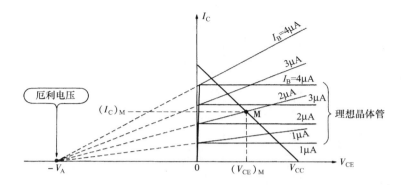

图 3.7　考虑到厄利效应后的晶体管 I_C-V_{CE} 特性

输出电导 g_O 为工作点 M 处的 I_C-V_{CE} 曲线的斜率，即

$$g_O \equiv \frac{\Delta I_C}{\Delta V_{CE}}$$

从图 3.7 可知，工作点 M 处的 g_O 为：

$$g_O = \frac{(I_C)_M}{V_A + (V_{CE})_M} \tag{3.4}$$

这意味着在前述的"π 形模型"的集电极-发射极间加入了输出电阻 r_O（图 3.8）。r_O 是 g_O 的倒数，即

$$r_O = \frac{V_A + (V_{CE})_M}{(I_C)_M} \tag{3.5}$$

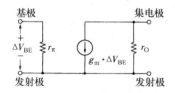

图 3.8　考虑到由厄利效应所产生的输出电阻 r_O 后的 π 形模型

对于 $(h_{FE})_M$ 和 r_O 的数值，SPICE 自动地进行计算。根据清单 3.1 的 .OP 指令，将计算结果写入输出文件"STAGE 2A.OUT"中。

在清单 3.2 中提取其值。$(h_{FE})_M$ 表示成 BETADC，r_O 表示成 RO。在 Q_1 的参数 BF＝400，VA＝200V 的条件下，从清单 3.2 可知：

- $(h_{FE})_M$＝412
- r_O＝847kΩ

```
NAME            Q1              Q2
MODEL           QC2240          QC1815
IB              5.90E-07        3.25E-05
IC              2.43E-04        5.70E-03
VBE             5.70E-01        7.01E-01
VBC             -5.92E+00       -5.51E+00
VCE             6.49E+00        6.21E+00
BETADC          4.12E+02        1.76E+02
GM              9.40E-03        2.16E-01
RPI             4.38E+04        7.97E+02
RX              2.00E+01        5.00E+01
RO              8.47E+05        1.85E+04
CBE             7.14E-11        1.37E-10
CBC             3.70E-12        2.38E-12
CBX             0.00E+00        0.00E+00
CJS             0.00E+00        0.00E+00
BETAAC          4.12E+02        1.72E+02
FT              1.99E+07        2.46E+08
```

清单 3.2　双管反相放大器(图 3.1,清单 3.1)的工作点信息

- $(I_C)_M = 0.243\text{mA}$
- $(V_{CE})_M = 6.49\text{V}$

与用式(3.3)及式(3.5)计算的数值很好符合。

该 $r_O = 847\text{k}\Omega$ 接在图 3.6 Q_1 的集电极-发射极之间。使交流负载电阻下降。

但是,在这种情况下,r_O 的影响是很轻微的。由于"自举",开环增益增加 5 倍。因此,反馈量也增加 5 倍。失真系数应该减少到 1/5。

但实测失真系数(图 3.5)实际上减少到 1/30～1/100。这是由于"自举"使得裸失真系数(未加 NFB 时的失真系数)本身也得到改善的缘故。当 Q_1 的交流负载电阻提高 5 倍时,为了产生同样的交流输出电压,I_C 的变化量 ΔI_C 有必要降低到 1/5。必然地,g_m 的变化量也减少到 1/5,新的失真系数减少。

3.3　双管非反相放大器

3.3.1　古典电路

图 3.9 是在 20 世纪 60 年代常用的双管非反相放大器。在第 2 级使用 PNP 型晶体管,就很顺利地将 2 级共射极电路进行串联连接。

电路或许有些难懂,但整体的工作机理与现今使用 OP 放大器的非反相放大器相同。

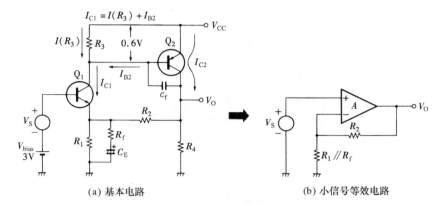

(a) 基本电路　　　　　　　　　　(b) 小信号等效电路

图 3.9　双管非反相放大器的基本电路

　　R_1 和 R_2 决定直流工作点。将 Q_1 的 I_C 设定为 Q_2 的 I_C 的 1/10。适当地选择 R_1 和 R_2 的数值,使 Q_1 的发射极电流与 R_1 的乘积所产生的电位降可以忽略,Q_2 的直流集电极电压由式

$$(V_C)_M \approx (V_{bias} - 0.6)\left(\frac{R_1 + R_2}{R_1}\right) \qquad (3.6)$$

所决定。因 R_1 与 R_2 之比为数倍左右,所以一般通过插入电阻 R_f 来提高闭环增益(加了 NFB 后的增益)。但是,还与 R_f 相串联地加入电容 C_E。在没有办法时就加入电容,这样就没有逃出古典的手法。

　　这好像带着救生圈学游泳一样,只要不去掉救生圈,就不可能希望得到进步。

3.3.2　去掉救生圈

　　图 3.10 是将图 3.9 的 R_1、R_f、C_E 去掉之后的非反相放大器。从图 3.9 所示的小信号等效电路可知,是全反馈非反相放大器。

　　Q_1 应采用高 h_{FE} 类型的晶体管。Q_2 采用一般的就可以。在这里使用与 2SC1815 互补的 2SA1015(图 3.11)。使用同种类的 2SA733,2SA991 等也可以。在 2SC2240 的基极–发射极间的 1S1588 是为了防止 Q_1 的发射极击穿用的。

　　因某些差错使节点 9 与 GND 短路时,如加上大振幅的输入信号,则使 Q_1 的发射结处于很大的反向偏置状态。1S1588 将这个反向偏压抑制在 0.6V 以下。在正常工作时,1S1588 是非导通的。

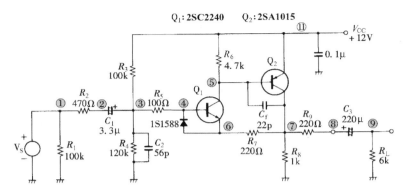

图 3.10　双管全反馈非反相放大器

如注意到节点 4 的电位约 6.5V，R_6 上流过的电流为（0.6/R_6），就能够简单地计算出图 3.10 的工作点。请用 SPICE（清单 3.3）来进行确认。

3.3.3　两个讨论题

图 3.10 所示电路的开环小信号等效电路表示在图 3.12 中。讨论的题目有下述两点：

（1）求增大开环增益且减少裸失真系数的电阻 R_6 的阻值。

（2）决定相位补偿电容 C_f 的值。

1．求电阻 R_6 的值

首先考虑第 1 点，往往认为当 R_6 增加，Q_1 的负载电阻增加，增益就增加。但 Q_1 的 I_C 从图 3.10 知道，为：

$$I_{C1} = \frac{V_{EB2}}{R_6} + I_{B2} \tag{3.7}$$

随着 R_6 的增加，I_{C1} 减少，必然地，Q_1 的 g_m 也减少（见式（2.14）），增益反而减少。

相反，当减少 R_6 时，Q_1 的 g_m 增加，但由于 R_6 的电流反馈增加，实质上，g_m 的增加是很小的。因此，R_6 的减少招致负载电阻的减少，所以当过分地减少 R_6 时，增益反而减少。

总之，过分地减少 R_6，或者过分地增加 R_6 都会使增益减少。更为困难的问题是 Q_2 的失真系数与从 Q_2 的基极看到的信号源电阻 R_6 有关。通常，共射极电路的信号源电阻越高，失真系数就越低。

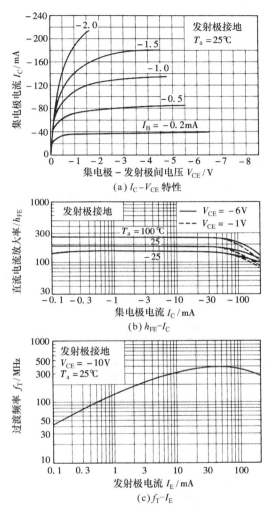

图 3.11　2SA1015 的电特性[(株)东芝,小信号增幅用
トラソジスタ・デ-タブック,1988 年版]

上述两个问题之所以重要,是因为很难用计算的方法求得 R_6
的最佳值(尽管不是不可能)。在这里发挥威力的是利用 SPICE
傅里叶解析的 THD 的模拟。在图 3.13 中示出了模拟的 THD 与
实测的 THD。可见,这两者是非常一致的。按照这个结果,确定
$R_6 = 4.7\text{k}\Omega$。

另外,清单 3.3 的 QC2240 模型参数与清单 3.1 的参数相同。

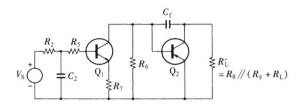

图 3.12　图 3.10 电路的开环小信号等效电路

```
stage2b - NPN + PNP

vcc 11 0   dc 12V
vs  1  0   ac 1V sin(0 2.92 1kHz)
r1  1  0   100k
r2  1  2   470
c1  2  3   3.3u
c2  3  0   56p
r3  11 3   100k
r4  3  0   120k
r5  3  4   100
Q1  5  4  6  QC2240   ;2SC2240
Q2  7  5 11  QA1015   ;2SA1015
cf  5  7   22p
r6  11 5   {rx}
r7  6  7   220
r8  7  0   1k
r9  7  8   220
c3  8  9   220u
RL  9  0   6k

.MODEL QA1015 PNP (IS=1.4E-14 BF=170
+           BR=10 VA=100 IK=0.22 RB=30
+           RC=1.4 XTB=1.3 CJC=11p
+           CJE=12p TF=0.63n TR=25n)

.lib bg1.lib
.param rx = 1
.step param rx list 1k 2.2k 3.3k 4.7k
+                    6.8k 10k 15k 22k
.tran 4us 1ms 0 4us
.options reltol = 0.000001
.four    1kHz v(9)
.ac dec 10 1 100MEG
.probe v(8)
.end
```

清单 3.3　双管全反馈非反相放大器
（图 3.10）的电路文件

2. 决定电容 C_1 的值

下面讨论一下相位补偿电容。在图 3.12 中 R_7 连接到 Q_1 的发射极上，所以在初级加上部分的电流反馈，初级的实际互导 $g_m{}'$（参考式（2.40））为：

$$g_m{}' = \frac{g_m}{1 + g_m R_7} \tag{3.8}$$

Q_1 的 I_C 为 0.18mA，$g_m = 38.7 I_C = 38.7 \times 0.18 \times 10^{-3} \approx$

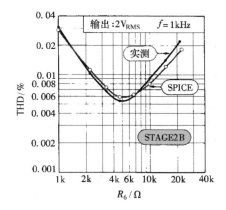

图 3.13 图 3.10 电路的 R_6 和 THD 的关系

7(mS)。将它代入式(3.8),则 $g_m' \approx 2.76\text{mS}$。

将 Q_2 看作反相放大器,则可以得到图 3.14 所示的小信号等效电路。因图 3.12 的 C_2 与 NFB 没有直接的关系,所以在图 3.14 中,将 C_2 省略,将 V_S 直接输入到 Q_1 的基极上。如认为 A_2 是非常大、则高频开环增益 $|A|$ 为:

$$|A| = g_m' \times Z_C \tag{3.9}$$

$$= \frac{g_m'}{2\pi f C} \tag{3.10}$$

其中,Z_C 为电容的阻抗。

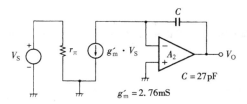

图 3.14 简化后的开环小信号等效电路

电容 C 是 Q_2 的集电极-基极间电容(5pF)和相位补偿电容 C_f =22pF 之和。由此,将 $g_m' = 2.76 \times 10^{-3}$S 和 $C = 27 \times 10^{-12}$F 代入式(3.10),则可以得到图 3.15 所示的频率特性。

由于是全反馈,所以反馈后的增益为 0dB,因此,该放大器应该有约 16MHz 的带宽。但是实际上因为存在相位旋转,所以,其增益到底是图 3.15 中的曲线 A,还是曲线 B 是很难预测的。

因此,还是借助 SPICE 的力量。如图 3.10 那样进行模拟,因

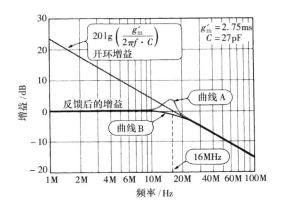

图 3.15 由图 3.14 的等效电路计算出的开环增益

存在由 R_2 和 C_2 构成的 LPF 的高频衰减,可能会失去由 NFB 产生的在高频端的峰。因此,将信号源 V_s 接到节点 2 进行模拟,将相位补偿电容 C_f 变换成 5pF,10pF,22pF,47pF 时,它们的解析结果表示在图 3.16 中。在 $C_f=22$pF 时,曲线有约 1dB 的峰。在 $C_f=47$pF 时,则单调地减小。$C_f=22$pF 时,带宽的数值如同计算值一样。$C_f=33$pF 左右是适当的,但考虑到后面要说到的转换速率问题,决定取 $C_f=22$pF。

另外,C_2 的作用是当输入开路时防止振荡。是不可以省略的。

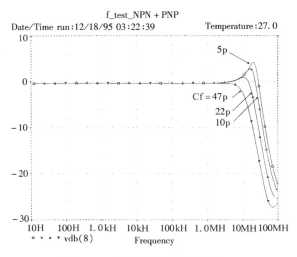

图 3.16 相位补偿电容的影响

印制电路板的图形表示在图 3.17 中。完成后的电路板表示在照片 3.2 中。

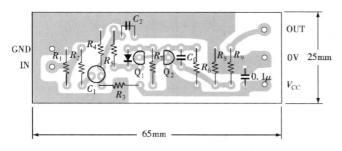

图 3.17　全反馈非反相放大器(图 3.10)的
部件配置和印制线路图

照片 3.2　完成后的全反馈非反相放大器
(STAGE2B)的电路板

3.4　混合 π 形模型

3.4.1　SPICE 能对晶体管工作特性进行更准确的模拟

从简化了的小信号等效电路(图 3.14)计算得到的频率特性是直到∞的频率,增益都按−6dB/oct下降(图 3.15)。另一方面,从 SPICE 计算得到的闭环增益在高频截止频率以上会非常快速地衰减(图 3.16)。

两者的差别是由于 SPICE 使用了能够对实际晶体管工作情况进行更为准确模拟的小信号等效电路。它就是示于图 3.18 中的扩展了的"混合 π 形模型"小信号等效电路。在用分立晶体管构建的电路中,几乎是图 3.18 所示模型进行模拟。在本书中,也大致根据这个模型进行模拟。

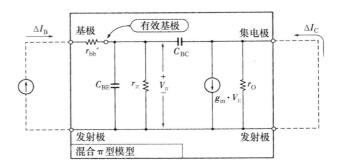

图 3.18 混合 π 形模型

3.4.2 影响频率特性的因素

在图 3.18 所示模型中,影响频率特性的是 C_{BC} 和 C_{BE}。它由 SPICE 的 .OP 指令进行读出,如清单 3.2 所示。这些数值与清单 3.1 中电路文件的模型参数 CJC,CJE,TF 密切相关。CJC是在 $V_{CB}=0$ 时的集电极-基极间的结电容,C_{BC} 是在工作点的集电极-基极间的电容。通常将 C_{BC} 表示成为 C_{ob},这是由于在测量 C_{BC} 时,使用共基极电路(图 2.11(b))的缘故。C_{ob} 被称为基极接地输出电容。因 C_{ob} 是集电结的结电容,它依 V_{cb} 而变化(图 3.19)。只要给出 CJC,SPICE 就能自动地计算出工作点的 C_{BC}。

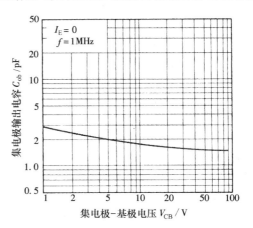

图 3.19 2SC1775 的 C_{ob}-V_{CB} 特性

CJE 是在 $V_{BE}=0$ 时的发射结电容。C_{BE} 是工作点的发射结电容和扩散电容之和,它与"增益带宽乘积"或者称为"过渡

(transition)频率"的参数 f_T 有关连,即可用下式求得:

$$f_T = \frac{g_m}{2\pi(C_{BE} + C_{BC})} \tag{3.11}$$

在图 3.18 中将输出进行短路,输入用电流源来驱动,则能计算 $\Delta I_C/\Delta I_B$。如将通过 C_{BC} 由输入向输出传输的电流忽略,则有 $\Delta I_C = g_m V_\pi$,所以 ΔI_C 与 V_π 成正比。V_π 是 ΔI_B 与电流源的负载阻抗的乘积。负载是 r_π 与 $(C_{BE} + C_{BC})$ 的并联。所以在电容的阻抗下降的高频区域,就如图 3.20 中上侧曲线那样,V_π 按 $-6\mathrm{dB/oct}$ 下降。

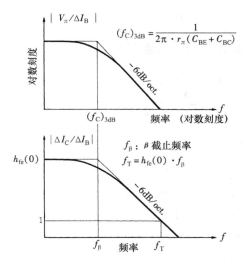

图 3.20　在高频区域 h_{fe} 的减少

3dB 截止频率 f_C 可由下式给出:

$$(f_C)_{3\mathrm{dB}} = \frac{1}{2\pi r_\pi(C_{BE} + C_{BC})} \tag{3.12}$$

ΔI_C 与 V_π 成正比,所以 $\Delta I_C/\Delta I_B$ 如图 3.20 的下侧曲线那样也按 $-6\mathrm{dB/oct}$ 下降。

$\Delta I_C/\Delta I_B$ 即为小信号电流放大率 h_{fe}。h_{fe} 在高频区域应该减少,称 h_{fe} 的 3dB 下降的频率为 β 截止频率 f_β。它与上述的 $(f_C)_{3\mathrm{dB}}$ 相等,即

$$f_\beta = \frac{1}{2\pi r_\pi(C_{BE} + C_{BC})} \tag{3.13}$$

如将低频 h_{fe} 表示成 $h_{fe}(0)$,则高频 h_{fe} 与频率成反比地减少。在 f_β 的 $h_{fe}(0)$ 倍的频率处电流放大率为 1。这个频率就是

上述的"过渡频率 f_T"。因此有：

$$f_T = h_{fe}(0) f_\beta \tag{3.14}$$

$$= \frac{h_{fe}(0)}{2\pi r_\pi (C_{BE} + C_{BC})} \tag{3.15}$$

$$= \frac{h_{fe}(0)/r_\pi}{2\pi (C_{BE} + C_{BC})} \tag{3.16}$$

在这里，π 形模型的 r_π 等于 h 参数的 h_{ie}。所以由式(2.25)有：

$$\frac{h_{fe}(0)}{r_\pi} = g_m \tag{3.17}$$

将式(3.17)代入式(3.16)，则可导出被普遍引用的式(3.11)。

3.4.3　过渡频率 f_T 和渡越时间 τ_F

f_T 是左右晶体管高频特性的重要参数。f_T 随工作电流 I_C 而变化(图 3.11)。这样，由于 f_T 的变动大，所以作为模型参数是不合适的。因此在 SPICE 中，指定用渡越时间 τ_F 代替 f_T。τ_F 和 f_T 的关系为：

$$\tau_F = \frac{1}{2\pi (f_T)_{max}} \tag{3.18}$$

$(f_T)_{max}$ 是在 f_T-I_C 的特性中 f_T 的最大值。例如，对于 2SA1015，从图 3.11 可知，$(f_T)_{max} = 400\mathrm{MHz}$。将它代入式 (3.18)，则可以得到：

$$\tau \approx 0.4\mathrm{ns}$$

但是，实测的 τ_F 要大 50%，所以在清单 3.3 中，2SA1015 的 τ_F(在 SPICE 中表记为 TF)使用了模型参数 TF＝0.63ns。这个参数收集在 SPICE/EQ 版的元件库"BG. LIB"中。

对于任何 TF 值，式(3.11)都成立。请确认一下清单 3.2 中的 GM，CBE，CBC，FT 与式(3.11)相配合的问题。

图 3.18 所示电路中的 $r_{bb'}$ 是从基极端到有效基区的芯片内部路径的电阻，称为基极扩展电阻。在 SPICE 模型参数中，记为 RB，在清单 3.2 的器件参数中记为 RX。

清单 3.2 的 BETADC 是直流电流放大率 h_{FE}，BETAAC 是小信号电流放大率 h_{fe}。

3.5　双管射极跟随器

虽然，用单管组成的射极跟随器已应用到实际电路中，但使用双管会使射极跟随器的性能更为提高。图 3.21 所示为典型的双管射极跟随器基本电路。

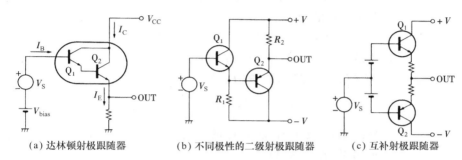

(a) 达林顿射极跟随器　　　(b) 不同极性的二级射极跟随器　　　(c) 互补射极跟随器

图 3.21　由双管组成的射极跟随器基本电路

3.5.1　达林顿射极跟随器

这是，宛如用一只高 h_{FE} 的晶体管那样进行工作的用两只晶体管组成的达林顿电路，也称为达林顿连接[图 3.21(a)]。

第 1 级的 I_{E1} 成为第 2 级 I_{B2}，所以如图 3.21(a)所示，输入基极电流 I_B 与输出发射极电流 I_E 的关系为：

$$I_E = (1 + h_{FE1})(1 + h_{FE2})I_B \tag{3.19}$$

近似地，可以看作电流放大率为 $h_{FE1} \times h_{FE2}$ 的 1 只晶体管。达林顿射极跟随器可以将 Z_{in} 做得非常大(参考式(2.48))，所以能用在功率放大器的输出级等方面。

3.5.2　不同极性的射极跟随器的串联连接

将 NPN 型与 PNP 型晶体管如图 3.21(b)那样进行级联，如使用正负电源，则 Q_1 的 V_{BE} 与 Q_2 的 V_{BE} 的极性相反，所以输出的 DC 电位几乎为 0。因此没有必要用电容来消除直流。适当地选择 R_1 与 R_2 之比，就能产生比单管射极跟随器 Z_{in} 高，且 Z_0 低的电路。

3.5.3　互补射极跟随器

将 NPN 型与 PNP 型晶体管进行组合的对称电路(图 3.21(c))称为互补电路。当使射极跟随器的互补电路进行 A 类动作时,则能大幅度地降低 THD。

3.5.4　不同极性二级射极跟随器的制作

图 3.22 表示在带宽 20MHz,$R_L = 75\Omega$ 的条件下,能得到 $\pm 1V$ 输出电压的 2 级射极跟随器。

R_5 设定为与同轴电缆特性阻抗一样的值。在 $R_5 = R_L$ 的情况下,有 6dB 的衰减。

在 $R_5 = R_L = 75\Omega$ 的条件下,正的最大输出电压为 1.25V,负的最大输出电压为 $-2.1V$。由于 Q_2 的 I_C 非常大,所以功耗相当大。在无信号时,Q_2 的 P_C 为:

$$P_C = \mid V_{EE} \mid \frac{V_{CC}}{R_4} = \frac{5 \times 5}{150} \approx 0.166(\text{W}) \tag{3.20}$$

容许集电极损耗应是它的 3 倍左右。在这里,便用了 $P_C = 500\text{mW}$ 的 2SA1114。

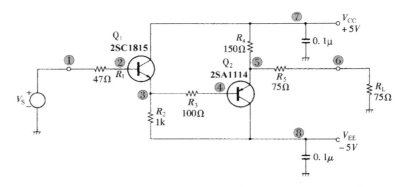

图 3.22　不同极性的二级射极跟随器

3.5.5　减少振荡的对策

二级射极跟随器比一级射极跟随器更容易引起振荡。作为减少振荡的对策,必须在基极接入适当数值的电阻。虽然 R_3 越大就越稳定,但并不一定 R_1 越大就越稳定。作为例子,$R_1 = 470\Omega$ 的模拟结果[参考清单 3.4]表示在图 3.23 中。在 $R_3 = 1\Omega$ 时,可以发现有约 2dB 的峰。

R_3 若小于数十欧[姆],根据经验电路就会发生振荡。

现实比 SPICE 更为严酷。在几十兆赫的高频情况下,旁路电容 $0.1\mu F$ 已经不是电容器而是电感器。在电路各处都可形成谐振电路,遇到一点冲击往往就产生高频振荡。

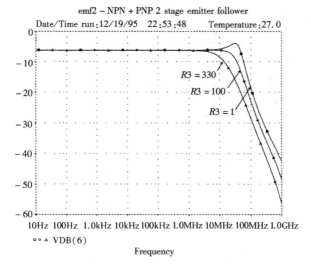

图 3.23　二级射极跟随器(图 3.22,清单 3.4)的
　　　　频率特性($R_1 = 470\Omega$ 时的情况)

```
emf2 - NPN + PNP 2 stage emitter follower

vcc 7 0 dc  5V
vee 8 0 dc -5V
vs 1 0 ac 1 sin(0 1V 1kHz)
*r1 1 2    47
r1 1 2    470  ; worst case
r2 3 8    1k
r3 3 4    {rx}
r4 7 5    150
Q1 7 2 3 QC1815
Q2 8 4 5 QA1114
r5 5 6    75
RL 6 0    75

* 2SA1114(VCBO=70V,IC=200mA,PC=500mW)
.MODEL QA1114 PNP(IS=1.7E-13 BF=500
+      VA=100 IK=0.3 RB=2 XTB=1.7
+      CJC=32p CJE=59p TF=1.5n TR=60n)

.lib bg1.lib
.param rx=100
.step param rx list 1 100 330
*.tran 10us 1ms
*.four    1kHz v(6)
.ac dec 40 10 1G
.probe
.end
```

清单 3.4　二级射极跟随器(图 3.22)的电路文件

3.5.6　易于振荡的理由

　　二级射极跟随器易于振荡的原因可以从计算射极跟随器的
Z_{in} 和 Z_O 的公式中找到。虽然 Q_1 的 Z_O 遵从式(2.49),即

$$Z_{\mathrm{O}} \approx \frac{1}{g_{\mathrm{m}}} + \frac{R_{\mathrm{S}}}{h_{\mathrm{fe}}} \tag{3.21}$$

但如图 3.20 所示,在高频区域,h_{fe} 减少。所以在高频区域上式的 $R_{\mathrm{S}}/h_{\mathrm{fe}}$ 上升。也就是说,$R_{\mathrm{S}}/h_{\mathrm{fe}}$ 与电感器相等效。因此,Q_1 可以看成是接在理想放大器的输出上的电感器 L(图 3.24)。

另一方面,Q_2 的 Z_{in} 遵从式(2.48),即

$$Z_{\mathrm{in}} \approx h_{\mathrm{fe}} R_{\mathrm{E}} \tag{3.22}$$

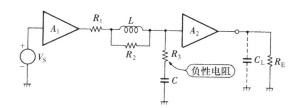

图 3.24　二级射极跟随器的等效电路

在高频区域 h_{fe} 减小,所以在高频区域 Z_{in} 减小。这与电容器的阻抗特性相类似,所以如图 3.24 所示,它等效于在理想放大器 A_2 的输入与 GND 之间插入电容 C。图 3.24 所示电路中的 L 和 C 构成谐振电路。在这里,若在 Q_2 的负载上插入电容 C_{L},则图 3.24 中的 R_3 取负值(此时称 R_3 为负电阻),若负电阻超过某一值,则 LC 电路的 Q 变成无穷大从而产生振荡。

图 3.22 中的电阻 R_3 是为了抵消这个负电阻而接入的。在图 3.25 示出了印制电路板的图形,完成后的电路板示于照片 3.3 中。图 3.26 是实测的频率特性($R_1 = 47\Omega$)。图 3.27 表示实测的失真系数特性。

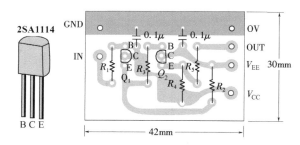

图 3.25　二级射极跟随器的电路板元件
配置和印制电路图(铜箔面)

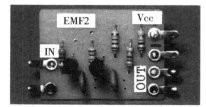

照片 3.3　完成后的二级射极
跟随器(EMF2)的电路板

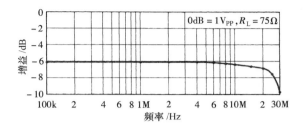

图 3.26　二级射极跟随器的实测频率特性

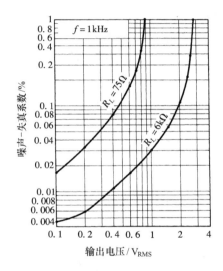

图 3.27　二级射极跟随器的实测失真系数特性

第二部分

晶体管应用电路

第 4 章

3～5 管电路的设计与制作

4.1 OP 放大器

4.1.1 概 念

在单管、双管电路中,信号路径与偏置电路密切相关,而实际的电路往往比原理电路复杂得多。另外,即使用直流 NFB 对工作点进行稳定化,也难于消除由初级 V_{BE} 的温度特性(约 $-2mV/℃$)引起的变化。

对这些缺点一举进行解决的电路是 OP 放大器(Operational Amplifier:运算放大器)。

如图 4.1(a)所示,OP 放大器是具有 2 个输入端与 1 个输出端,并具有如下性质的一种通用放大器。即理想 OP 放大器具备有如下特征:

(1) 输入电阻为 ∞,输出电阻为 0。

(2) DC 开环增益 $A=\infty$。

(3) 仅对两个输入端的电压差($V_{NI} - V_{INV}$)进行放大(图 4.1(b))。

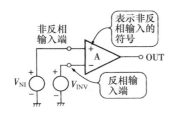
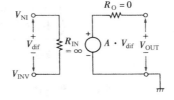
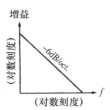

(a) OP 放大器具有 2 个输入端　　(b) 理想 OP 放大器的小信号等效电路　　(c) 理想放大器的开环
　　　　　　　　　　　　　　　　　　　　　　　　　　　　　　　　　　　　　　　增益–频率的特性

图 4.1 OP 放大器的符号、机能、频率特性

（4）高频开环增益以－6dB/oct进行衰减（图4.1(c)）。

（5）可以把内部电路看作是黑盒子。

（6）即使全反馈也不发生振荡。

（7）无论是线性还是非线性工作都能进行。

（8）可以不区分直流工作与交流工作。

OP放大器的最大优点是不必考虑偏置电路。由于没有必要涉及内部电路，所以使用了OP放大器的电路，其电路图很整洁，动作很明了。如果用一个比喻来说明，这相当于分立半导体电路是用汇编语言写成的软件，而使用OP放大器的电路是用高级语言编成的软件。

很显然，实际的OP放大器与理想放大器有区别。如果真的存在理想放大器，恐怕就没有今天的多种多样的OP放大器，而只有一种OP放大器存在了。

总之，实际情况是针对不同用途必须选择最合适的OP放大器。因此培养这种选择能力的最好方法是使用分立半导体来制作OP放大器。

4.1.2　原理电路

图4.2是最一般OP放大器的原理电路。电路由初级、第2级和输出级等三级构成。

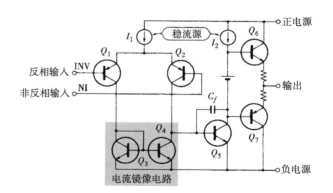

图4.2 最一般的OP放大器的原理电路

· 初级（Q_1，Q_2）……差动放大电路

· 第2级（Q_5）……共射极电路

· 输出级（Q_6，Q_7）……互补射极跟随器

　　输出级的作用仅仅是为了降低输出阻抗,且增大输出电流,即使省略掉,作为 OP 放大器也能保持其机能。

　　恒流源 I_1 与 I_2 可用电阻来代替,如果将初级有源负载的电流镜像电路(Q_3、Q_4,详见后述)也用电阻来代替,则可以得到图 4.3 的 3 管 OP 放大器。

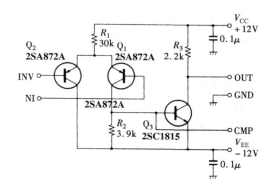

图 4.3　3 管 OP 放大器

4.1.3　差动放大电路

　　3 管 OP 放大器的初级是由 PNP 型晶体管组成的差动放大电路。其原理电路(两只 NPN 型晶体管的差动放大电路)表示在图 4.4 中。

　　假如 Q_1 与 Q_2 是特性相同的对管,则 Q_1 与 Q_2 的直流集电极电流相等,几乎为恒流源 I 的 $1/2$。即:

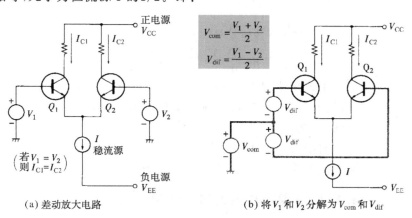

$$V_{com} = \frac{V_1 + V_2}{2}$$

$$V_{dif} = \frac{V_1 - V_2}{2}$$

(a) 差动放大电路　　　　(b) 将 V_1 和 V_2 分解为 V_{com} 和 V_{dif}

图 4.4　差动放大电路的工作原理

$$I_{C1} = I_{C2} = \frac{1}{2}\left(\frac{h_{FE}}{1 + h_{FE}}\right)I \tag{4.1}$$

$$\approx \frac{I}{2} \tag{4.2}$$

虽然 Q_1 与 Q_2 的 V_{BE} 随温度以 $-2mV/℃$ 的温度系数发生变化,但若假定两者具有相同的温度系数,那么,既使温度发生变化(Q_1 与 Q_2 的结温必须保持相同),式(4.2)仍然成立。就是说,工作电流没有发生变化,所以成为工作点稳定的直流放大器。

上述结果是在 $V_1 = V_2 = 0$ 的条件下,现在加了 V_1 与 V_2 时,可以将 V_1 与 V_2 分解成如下的同相输入电压 V_{com} 与差动输入电压 V_{dif}(图 4.4(b))。

$$\left.\begin{array}{l} V_{com} = \dfrac{V_1 + V_2}{2} \\[3mm] V_{dif} = \dfrac{V_1 - V_2}{2} \end{array}\right\} \tag{4.3}$$

由图 4.4(b)可知,对同相输入电压 V_{com} 的响应为 0,即 Q_1 的 I_C 和 Q_2 的 I_C 都完全不变化,式(4.2)成立。另一方面,对于差动输入电压 V_{dif} 的响应,由图 4.4(b)可知,Q_1 的 ΔV_{BE1} 及 Q_2 的 ΔV_{BE2} 分别为:

$$\Delta V_{BE1} \approx V_{dif}, \Delta V_{BE2} = -V_{dif} \tag{4.4}$$

所以,Q_1 与 Q_2 的 I_C 变化量 $\Delta I_{C1}, \Delta I_{C2}$ 分别为:

$$\left.\begin{array}{l} \Delta I_{C1} = g_m \Delta V_{BE1} \\[2mm] \qquad = g_m V_{dif} = g_m\left(\dfrac{V_1 - V_2}{2}\right) \\[3mm] \Delta I_{C2} = g_m \Delta V_{BE2} \\[2mm] \qquad = g_m(-V_{dif}) = g_m\left(\dfrac{V_2 - V_1}{2}\right) \end{array}\right\} \tag{4.5}$$

上式意味着"差动放大电路的互导是共射极电路的 g_m 的 $1/2$"。并且,基极-基极间输入电阻是共射极电路的 h_{ie}(即 π 形模型的 $r_π$)的 2 倍。

对于 Q_1 与 Q_2,如图 4.4(b)所示,可将 V_{com} 与 V_{dif} 相加,由于对 V_{com} 的响应为 0,所以式(4.5)仍然成立。

4.1.4　3 管 OP 放大器的注意要点

图 4.5 中示出了 3 管 OP 放大器的小信号等效电路。DC 开环增益为 60dB 左右。

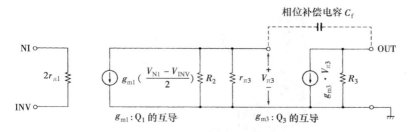

图 4.5 3 管 OP 放大器的小信号等效电路

高频开环增益可以近似地由下式给出：

$$| A |=\frac{g_{m1}}{4\pi f C_f} \tag{4.6}$$

与一般的 IC 化的 OP 放大器相比,该 3 管 OP 放大器的性能有如下缺陷：

(1) 输出电阻约 2.2kΩ(一般的 IC 化 OP 放大器的输出电阻为 5～200Ω 左右)。

(2) 电源电压为固定的 ±12V(如果电源电压发生变化,R_1 或者 R_2 的值也必须变化)。

(3) 同相输入电压不许超过 +6V。

(4) ($V_{NI}-V_{INV}$)不许超过 ±5V。

(5) 输出端不许与 GND 或者 V_{CC} 短路。

(6) 负载电阻必须比 R_3 大很多。

如果遵守上述的制约条件,就可以组成与一般 IC 化 OP 放大器相同的各种应用电路。

3 管 OP 放大器的电路板图形示于图 4.6 中,完成后的电路板示于照片 4.1 中。

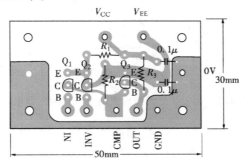

图 4.6 3 管 OP 放大器的元器件配置和印制线路图(铜箔面)

照片 4.1　完成后的 3 管 OP 放大器（OPAMP3）的电路板

4.2　矩形波振荡器

　　由于 OP 放大器的开环增益非常大，所以可用作比较器。如图 4.7 所示，用 R_1 与 R_2 对输出电压进行分压，并正反馈到非反相输入端，则发生弛豫现象（图 4.7(b)），就可以构成施密特触发器电路。

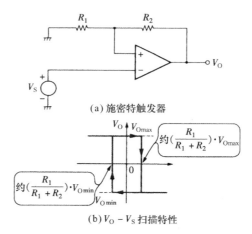

图 4.7　由 OP 放大器构成的施密特触发器电路

　　在这里，将输入 V_S 去除，如图 4.8 所示，将输出用 R_3 与 C_1 进行分压并反馈到反相输入端，就成为矩形波振荡器（非稳态多谐振荡器）。

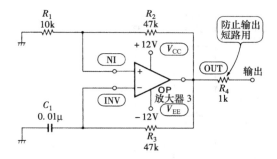

图 4.8 由 3 管 OP 放大器组成的矩形波振荡器

重复频率(振荡频率)f_O 为：

$$f_O = \frac{1}{2R_3 C_1 \ln\left(\dfrac{R_2 + 2R_1}{R_2}\right)} \tag{4.7}$$

$$= \frac{1}{2 \times 47 \times 10^{-5} \times \ln(67/47)}$$

$$\approx 3000 (\text{Hz})$$

矩形波振荡电路(图 4.8)的电路文件示于清单 4.1 中。图 4.9 是模拟结果。

```
SQUARE.CIR - Square Wave Oscillator
VCC VCC 0 +12V
VEE VEE 0 -12V
R1 NI 0 10K
R2 OUT NI 47K
R3 OUT INV 47K
C1 INV 0 0.01U   IC=1V
X1 NI INV OUT CMP VCC VEE OPAMP3

.SUBCKT OPAMP3 NI INV OUT CMP VCC VEE
  R1 VCC 1 30k
  Q1 CMP NI  1    QA872A
  Q2 VEE INV 1    QA872A
  R2 CMP VEE      3.9k
  R3 VCC OUT      2.2k
  Q3 OUT CMP VEE QC1815
.ENDS

.MODEL QA872A PNP(IS=1.5E-14 BF=500
+      RB=200 XTB=1.4 TF=1.3N TR=52N
+  CJE=5P CJC=6.6P IK=0.025 VAF=150)
.OP
.TRAN 2u 1m  0 2u UIC
.LIB BG1.LIB
.PROBE
.END
```

清单 4.1 矩形波振荡电路(图 4.8)的电路文件

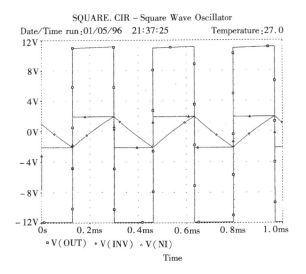

图 4.9　图 4.8 所示电路的模拟结果

　　请注意,差动输入电压($V_{NI}-V_{INV}$)的最大值达到±4V。当该值超过±5V,则有可能引起 2SA872A 的发射结击穿的危险。为防止击穿,将 R_1 与 R_2 之比设定为大于 1 比 4。实测波形表示在照片 4.2 中。

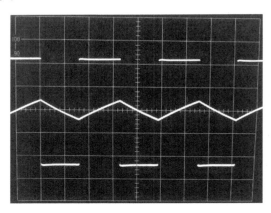

照片 4.2　矩形波振荡电路的实测波形

　　请试一下用图 4.3 所示的 3 管 OP 放大器组成各种应用电路。模拟结果与实际动作要很好地相符合。这样也可以理解 3 管 OP 放大器的局限性。

4.3　3 管射极跟随器

4.3.1　增加电流镜像电路

在本书的第一部分,已经制作了双管射极跟随器(图 3.22)。其基本电路是图 3.21(b),若在该电路上增加电流镜像电路,则能够改善失真系数。

图 3.21(b)的输出电压 V_{OUT} 为:

$$V_{OUT} = V_S - V_{BE1} + V_{EB2} \tag{4.8}$$

若加上信号 V_S,V_{BE1}(Q_1 的基极-发射极间电压)和 V_{EB2}(Q_2 的发射极-基极间电压)都发生变化。在这里,如果 V_{BE1} 与 V_{EB2} 的变化量相同,则

$$\Delta(-V_{BE1} + V_{EB2}) = 0 \tag{4.9}$$

即使加入任何的 V_S,下式都成立。

$$V_{OUT} = V_S + V_{OFS} \tag{4.10}$$

式中,V_{OFS} 是一定值的直流补偿电压。就是说 V_{OUT} 的波形完全与 V_S 的波形相同,成为无失真的放大器。

4.3.2　设　计

按照上述思路设计出的电路,就是图 4.10 所示的 3 管射极跟随器[8]。

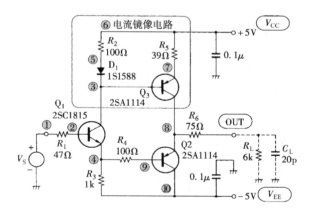

图 4.10　3 管射极跟随器

D_1、R_2、Q_3、R_5 组成电流镜像电路(图 4.11)。如图 4.12 所

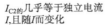

I_{C2}的几乎等于独立电流
I,且随I而变化

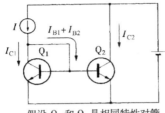

假设 Q_1 和 Q_2 是相同特性对管,

从 $\begin{cases} I_{C1} = I_{C2} \\ I = I_{C1} + I_{B1} + I_{B2} \\ I_{B1} = I_{B2} = I_{C1}/h_{FE} \end{cases}$

可得:$\dfrac{I_{C2}}{I} = \dfrac{1}{1 + (2/h_{FE})} \approx 1$

(a) 电流镜像电路的原理电路

对于分立晶体管,即使是同品种,饱和电流也有分散性,为了吸收这个分散性,有必要在发射极插入电阻。此时,可以用饱和电流相同的硅PN结二极管来代替Q_1的。

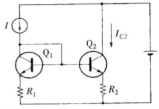

对电阻进行设定使得 R_1 及 R_2 的电位下降为 0.2 V 左右以上。此时下式近似地成立。

$$I_{C2} \approx \left(\dfrac{R_1}{R_2}\right) \cdot I$$

(b) 由分立晶体管构成的实用的电流镜像电路

图 4.11 电流镜像电路

示,由于电流镜像作用,Q_1 的集电极电流与 Q_3 的集电极电流成正比地变化。例如,I_{C1} 增加 1%,则 I_{C3} 也增加 1%。如果负载电阻 R_L 足够大,则在 R_L 上流动的电流可以忽略,可以看作 $I_{E2} \approx$

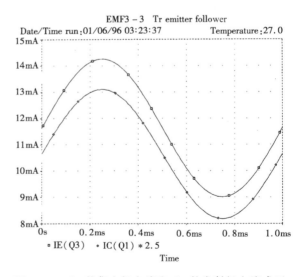

图 4.12 Q_1 的集电极电流和 Q_3 的发射极电流成正比地变化($I_C(Q_1)$ 是将刻度放大 2.5 倍后的值)

I_{E3}，所以 I_{E2} 也增加 1%。

由于晶体管的 V_{BE} 与 I_C 的关系服从前述的指数函数式(1.5)，所以与 I_C 的大小无关，当 I_C 增加 1% 时 V_{BE} 就约增加 0.25mV。即 Q_1 的 V_{BE}，Q_2 的 V_{BE} 都增加约 0.25mV，$\Delta(-V_{BE1}+V_{BE2})\approx0$ 成立。所以，如上所述，可以得到低失真系数。

4.3.3　测　量

在图 4.13 中,示出了 3 管射极跟随器的实测失真系数特性。在 $R_L = 6k\Omega$ 时,比起双管射极跟随器的失真系数(图 3.27)特性,得到大幅度地改善。在 $R_L = 75\Omega$ 时的改善度较小,为 3dB,这是由于在 R_L 上流动的输出电流大,因此 I_{E2} 与 I_{C3} 不能成比例地变化的缘故。

3 管射极跟随器的电路文件示于清单 4.2 中,印制电路板图形示于图 4.14,完成后的电路板如照片 4.3 所示。

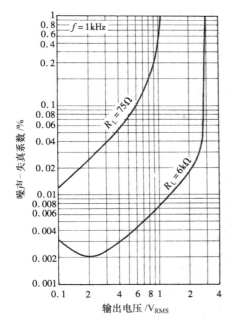

图 4.13　3 管射极跟随器(图 4.10)的
实测失真系数特性

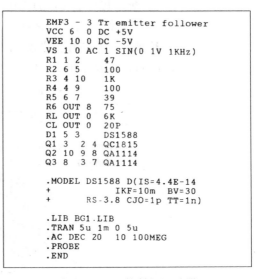

```
EMF3 - 3 Tr emitter follower
VCC  6  0 DC +5V
VEE 10  0 DC -5V
VS  1  0 AC 1 SIN(0 1V 1KHz)
R1  1  2      47
R2  6  5      100
R3  4 10      1K
R4  4  9      100
R5  6  7      39
R6 OUT 8      75
RL OUT 0      6K
CL OUT 0      20P
D1  5  3      DS1588
Q1  3  2 4    QC1815
Q2 10 9 8     QA1114
Q3  8  3 7    QA1114

.MODEL DS1588 D(IS=4.4E-14
+              IKF=10m  BV=30
+              RS-3.8 CJO=1p TT=1n)

.LIB BG1.LIB
.TRAN 5u 1m 0 5u
.AC DEC 20  10 100MEG
.PROBE
.END
```

清单 4.2　3 管射极跟随器
(图 4.10)的电路文件

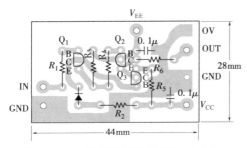

图 4.14 3 管射极跟随器(图 4.10)的元件配置和印制线路图(铜箔面)

照片 4.3 完成后的 3 管射极跟随器(EMF3)的电路板

4.4 4 管宽带放大器

4.4.1 米勒效应

在高频区域,晶体管放大器的频率特性下降。其原因则如图 3.18 所示混合 π 形模型那样,是由于基极-发射极电容 C_{BE} 与基极-集电极电容 C_{BC} 的作用。

通常,比起 C_{BE} 来,C_{BC} 是小电容,但共射极电路的频率特性显然被 C_{BC} 所左右。之所以如此,是由于 C_{BC} 的"米勒效应"(Miller effect)在起作用(图 4.15)。

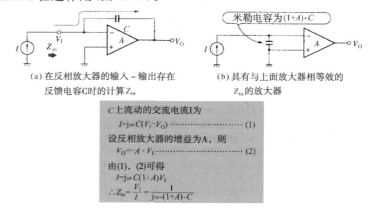

(a) 在反相放大器的输入~输出存在反馈电容 C 时的计算 Z_{in}

(b) 具有与上面放大器相等效的 Z_{in} 的放大器

C 上流动的交流电流 I 为
$$I=j\omega C(V_I-V_O) \cdots\cdots\cdots\cdots\cdots (1)$$
设反相放大器的增益为 A,则
$$V_O=-A\cdot V_I \cdots\cdots\cdots\cdots\cdots\cdots (2)$$
由(1),(2)可得
$$I=j\omega C(1+A)V_I$$
$$\therefore Z_{in}=\frac{V_I}{I}=\frac{1}{j\omega\cdot(1+A)\cdot C}$$

图 4.15 米勒效应

米勒效应是这样一种电路现象,反相放大器的反馈电容 C 使高频输入阻抗下降,从外观上看,好像在反相放大器的输入与 GND 之间接上了反馈电容 C 的(1+A)倍的电容。这一现象是

J. M. Miller研究三极真空管的 C_{pg} 时发现的[9]。

共射极电路也是一种反相放大器,由于 C_{BC} 是反馈电容,当然也有米勒效应。并且,共射极电路的增益 A 大到 $10^2 \sim 10^4$ 倍,在大多数情况下,米勒电容 $(1+A)C_{BC}$ 显示出比 C_{BE} 大得多的值。

4.4.2　解决米勒效应的电路

差动放大电路是将两个共射极电路结合起来的电路,所以仍然发生米勒效应。

但如图 4.16 所示,当省掉差动放大电路 Q_1 的集电极负载电阻,且将 Q_2 的基极端接地时,则由 Q_1 的 C_{BC} 及 Q_2 的 C_{BC} 引起的米勒效应将完全消失。

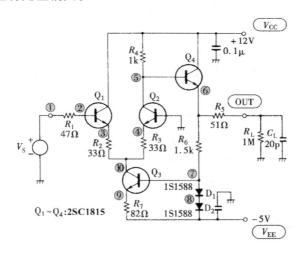

图 4.16　4 管宽带放大器

对于 Q_1 与 Q_2 的电路,可以解释为 Q_1 是共集电极电路,Q_2 是共基极电路。无论怎样解释,Q_1 的 ΔI_C 与 Q_2 的 ΔI_C 都可用式 (4.5)算出(对于图 4.16 所示情况,$V_2 = 0$)

对于图 4.16 所示放大器,由于在 Q_1 与 Q_2 的发射极插入 R_E $=33\Omega$,即加了电流反馈,所以,实质上的互导 $g_m{}'$ 为:

$$g_m{}' = \frac{g_m}{1 + g_m R_E} \approx \frac{0.16}{1 + 0.16 \times 33} \approx 0.025\text{S} \qquad (4.11)$$

图 4.16 所示电路的 Q_3 不是电流镜像,而是恒流电路($I_{C3} \approx$ 8mA)。Q_4 则是为了降低输出阻抗的共集电极电路。

4 管宽带放大器的电路文件示于清单 4.3,模拟结果示于图

4.17 及图 4.18 中。图 4.19 是实测的频率特性,电路板图形示于图 4.20,完成后的电路板表示在照片 4.4 中。

```
DIFCC - 4 Tr Wide Band Amp

VCC VCC 0 DC 12V
VEE VEE 0 DC -5V
Vs 1 0 AC 1 SIN(0 0.1 5meg)
R1  1   2    47
R2  3   10   33
R3  4   10   33
R4  VCC 5    1k
R5  6  OUT   51
R6  6   7    1.5k
R7  9  VEE   82
RL  OUT 0    1MEG
CL  OUT 0    20p
D1  7   8    DS1588
D2  8  VEE   DS1588
Q1  VCC    3  QC1815
Q2  5  0  4  QC1815
Q3  10 7 9   QC1815
Q4  VCC 5 6  QC1815

.LIB BG1.LIB
.OP
.TRAN 4n 400n 0 4n
.AC DEC 20 10 100meg
.PROBE
.END
```

清单 4.3 4 管宽带放大器(图 4.16)的电路文件

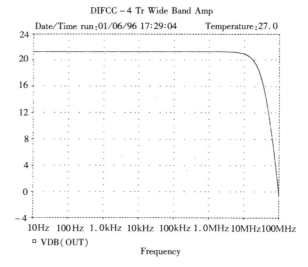

图 4.17 4 管宽带放大器的频率特性模拟

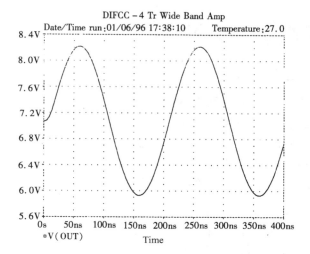

图 4.18　4 管宽带放大器的输出波形(f＝5MHz)模拟

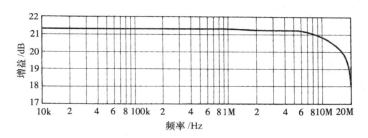

图 4.19　4 管宽带放大器的实测频率特性

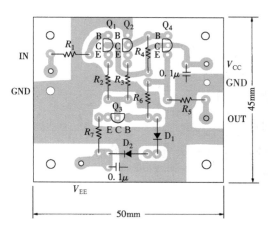

图 4.20　4 管宽带放大器的元器件
配置和印制线路图(铜箔面)

照片 4.4　完成后的 4 管宽带放大器
(DIFCC)的电路板

4.5 电子电位器

4.5.1 工作原理

在图 4.21 所示电路中,如果 $V_S = 0$,则 Q_3 只是恒流电路,Q_1 与 Q_2 是差动放大电路。但在图 4.21 所示电路中,作为 V_S 是加了交流信号的,并且,假定 Q_1 的基极加了直流电压 V_C。在这种情况下,与其认为 Q_1 与 Q_2 是差动放大电路,不如说是起着将电流源 I_{C3} 分成 I_{C1} 与 I_{C2} 的分流电路的作用。在图 4.21 中,由于

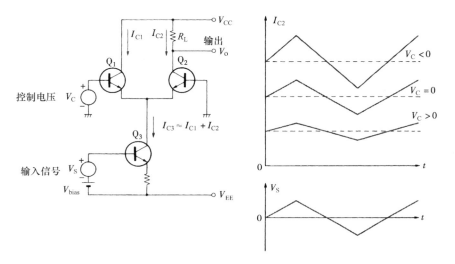

图 4.21 由差动放大器构成的分流电路

$$I_{C3} = I_{E1} + I_{E2} \atop \approx I_{C1} + I_{C2} \Bigg\}$$

(4.12)

所以,下式近似地成立:

$$\left(\frac{I_{C1}}{I_{C3}}\right) + \left(\frac{I_{C2}}{I_{C3}}\right) = 1$$

(4.13)

式中,由于(I_{C1}/I_{C3})、(I_{C2}/I_{C3}) 都不是负值,所以电流增益(I_{C2}/I_{C3})随着控制电压在

$$0 \leqslant \frac{I_{C2}}{I_{C3}} \leqslant 1$$

(4.14)

的范围内发生变化。作为特殊情况,假设 $V_C = 0$,则 $I_{C1} = I_{C2} \approx I_{C3}/2$。所以

$$\frac{I_{C2}}{I_{C3}} \approx 0.5 \tag{4.15}$$

另外，如 $V_C > 0$，则 $(I_{C2}/I_{C3}) < 0.5$，如 $V_C < 0$ 则 $(I_{C2}/I_{C3}) > 0.5$。即电流增益可用控制电压 V_C 来控制。对于输入信号 V_S，Q_1 与 Q_2 起着衰减器的作用。

在这里要指出的是，Q_1 与 Q_2 的 I_C-V_{BE} 特性服从上述的指数函数关系，即[与第 1 章的式(1.5)相同]

$$I_C = I_S \exp\left[\left(\frac{q}{kT}\right) V_{BE}\right] \tag{4.16}$$

结果，电流增益 (I_{C2}/I_{C3}) 与 I_{C3} 的大小无关，仅与控制电压 V_C 有关[10]。因此，无论 I_C 如何变化，Q_1 与 Q_2 都是作为无失真的衰减器进行工作。

然而，图 4.21 所示电路存在很大的缺点。例如当加入三角波的输入信号 V_S 时，I_{C2} 跟随控制电压 V_e 成为图 4.21 所示波形，确实进行着衰减器的动作，但如虚线表示，I_{C2} 的直流成分也随着 V_C 而变化。

4.5.2　改进后的电路

图 4.22 是消除这个缺点之后的电路。Q_6 是恒流电路，由于取 $R_1 = R_2$，所以

$$I_{C6} = (I_{C3})_{DC}$$

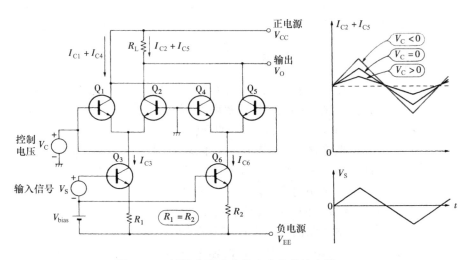

图 4.22　抵消直流成分的变化的分流电路

I_{C5} 随着控制电压 V_C 而变化,常常有

$$I_{C5} = (I_{C1})_{DC}$$

因此

$$(I_{C2} + I_{C5})_{DC} = (I_{C2} + I_{C1})_{DC}$$
$$\approx (I_{C3})_{DC} \rightarrow 一定$$

即 $(I_{C2} + I_{C5})$ 的直流成分是一定的,$(I_{C2} + I_{C5})$ 的波形随着 V_C 如图 4.22 那样进行变化。

当图 4.22 中的 Q_3 与 Q_6 用电阻来代替时,则可以得到图 4.23 所示的 4 管电路。输入信号 V_S 通过 R_1 使 Q_1 与 Q_2 的共射极电流发生变化。对于过大的 V_S,D_1 阻止了 Q_1 与 Q_2 发射结的击穿。在正常工作时,D_1 是非导通的。

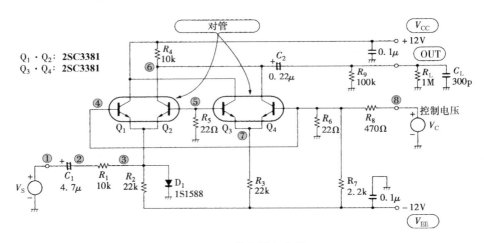

图 4.23 4 管电子电位器

Q_1 与 Q_2 以及 Q_3 与 Q_4 有必要使用饱和电流匹配的对管,所以用了在一个芯片上做两个晶体管的 2SC3381(东芝)。在图 4.24 中表示了 2SC3381 的管脚排列。

假定图 4.23 所示电路中的 V_S 为音频信号。控制电压 V_C 用 R_8 与 R_6 来分压。由于控制需要相当的电力,所以在实用电路中,在节点 8 用射极跟随器来驱动为好。图 4.25 中示出了电路板图形,完成后的电路板示于照片 4.5 中。

本电路的电路文件表示在清单 4.4 中。图 4.26 是模拟的频率特性,图 4.27 是模拟的输出波形。实测的失真系数特性表示在图 4.28 中。可以说,在实用上失真系数是非常低的。

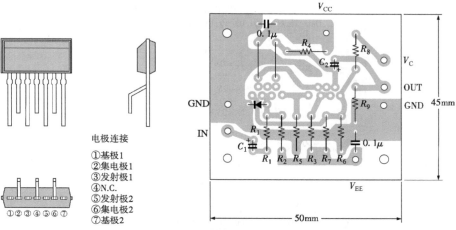

图 4.24　2SC3381（东芝）的
管脚排列

电极连接

①基极1
②集电极1
③发射极1
④N.C.
⑤发射极2
⑥集电极2
⑦基极2

图 4.25　4 管电子电位器的元件配置和
印制线路图形（铜箔面）

照片 4.5　完成后的 4 管电子电位器（VOLUME）的电路板

```
VOLUME -   Electronic Volume

Vcc Vcc 0 DC +12V
Vee Vee 0 DC -12V
Vs 1 0 AC 1V sin(0 4 1kHz)
C1  1  2     4.7U
R1  2  3     10k
R2  3  Vee   22k
R3  7  Vee   22k
R4  6  Vcc   10k
R5  5  0     22
R6  4  0     22
R7  4  Vee   2.2K
R8  4  8     470
C2  OUT 6    0.22U
R9  OUT 0    100k
RL  OUT 0    1MEG
CL  OUT 0    300P
Vc  8  0     {VC}
Q1  Vcc 4 3  QC3381
Q2  6  5  3  QC3381
```

```
Q3 Vcc 5 7 QC3381
Q4 6 4 7   QC3381
D1 3 0     DS1588

***** 2SC3381 (Dual_Tr, VCBO=80V
*           IC=100mA PC=200mW/unit)
.MODEL QC3381 NPN(IS=1E-14 IK=0.1
+   XTB=1.7 BF=400 RB=20 TF=0.9N
+   TR=36N CJE=34P CJC=18P VA=100)

.LIB BG1.LIB
.PARAM VC = 1
.STEP PARAM VC list 0 2 3 4 6 8
.OP
.TRAN 10us 1000us
.AC DEC 10 10 100K
.PROBE
.END
```

清单 4.4　4 管电子电位器（图 4.23）的电路清单

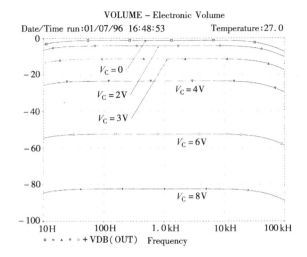

图 4.26 4 管电子电位器的频率特性模拟

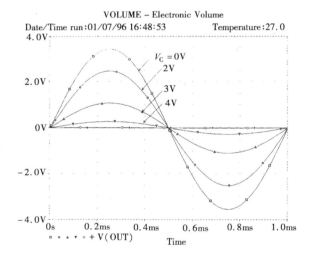

图 4.27 4 管电子电位器的输出波形(f＝1kHz)模拟

另外,图 4.21~图 4.23 所示电路是对 Bary Gilbert 提出的吉伯型乘法器[11]进行简化后的电路。

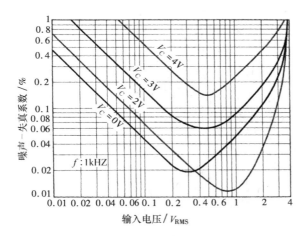

图 4.28　电子电位器的实测失真系数特性

4.6　带有自举电路的射极跟随器

4.6.1　空载电流、失真、A 类工作

图 3.21(c)所示双管互补射极跟随器的实用电路例子示于图 4.29中。

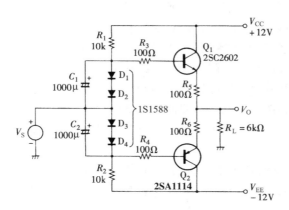

图 4.29　双管互补射极跟随器

电路的失真系数特性非常好(图 4.30)。互补射极跟随器在无信号时的发射极电流称为"空载电流"。空载电流 I_{idle} 由下式给出：

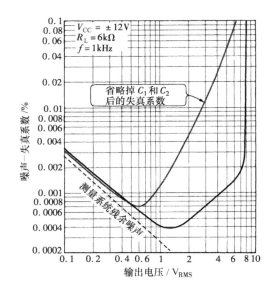

图 4.30 双管互补射极跟随器的实测失真系数特性

$$I_{idle} = \frac{4V_D - (V_{BE1} + V_{EB2})}{R_5 + R_6} \qquad (4.17)$$

式中，V_D 为 1S1588 的正向电压。

图 4.29 所示电路的 I_{idle} 约为 6mA。通常，射极跟随器的输出电流（在负载 R_L 上流动的电流）比 $2I_{idle}$ 小时，Q_1 以及 Q_2 的 I_C 没有截止，所以射极跟随器为 A 类工作。

在 A 类工作的情况下，Q_1 与 Q_2 是并联地进行工作的，所以各个晶体管的负载电阻为 $2R_L = 12k\Omega$。

对于互补射极跟随器，可以与负载电阻的值相独立地设定空载电流。如图 4.31 所示，即使进行全驱动，也能把 I_C 的变动控制得比空载电流小得多（在图 4.31 中，对于 $I_{idle} = 6mA$，$|\Delta I_{C1}| \leqslant 1mA$）。

g_m 的变动必然是少的，应该能够实现低失真系数。因此，即使降低负载电阻，在 A 类工作范围，能够维持低失真系数（图 4.32）。另外，在输出电流超过空载电流的 2 倍时，由于能够自动地转到 AB 类或者 B 类工作（详细情况后述）所以失真系数不会急剧变坏。

但是，图 4.29 所示电路的输入阻抗低（5kΩ），当省略 C_1 与 C_2 时，失真将大幅度地增加。

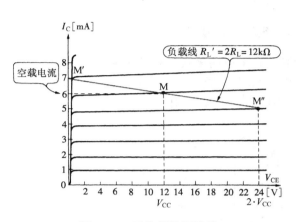

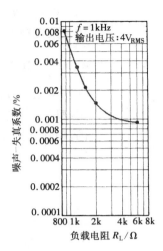

图 4.31　互补射极跟随器
（A 类动作时)的负载线和工作点

图 4.32　图 4.29 电路的实测
失真系数与负载电阻的关系

4.6.2　改良后的电路

如果对图 3.21(b)所示电路进行改善,使用在初级发射极负载电阻用恒流电路进行置换后的图 4.33 所示电路,则这些缺点可以完全消除。如对图 4.33 所示电路中的 D_1 与 D_2 进行短路去除,则 Q_3 与 Q_4 成为 B 类互补射极跟随器。它可以用在 OP 放大器 IC 的 OP37 的输出级等电路上,是通用的 2 级射极跟随器。

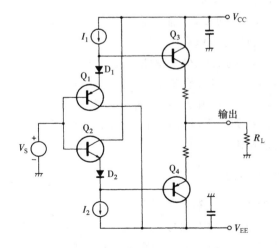

图 4.33　合理的 4 管射极跟随器的原理电路(实际上为 6 管电路)

但是,图 4.33 所示电路中的恒流源(I_1 与 I_2)实际上是用晶体管来实现的,所以最终该电路成为 6 管电路。

4.6.3　由自举电路来代替恒流电路

图 4.34 所示是用自举电路来代替恒流电路后的电路。对于声频段频率,它与图 4.33 相等效。虽然两个电容 C_1 与 C_2 是必要的,但比起图 4.29 中的 C_1 与 C_2 来,用很小的电容就可以。

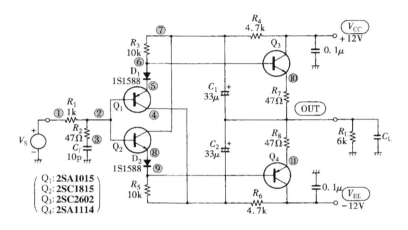

图 4.34　带有自举的 4 管射极跟随器

在图 4.34 的电路中,由于 Q_1 与 Q_2 的集电极也进行自举,所以在加了交流信号 V_S 时,Q_1 的 V_{CB} 及 Q_2 的 V_{CB} 能保持一定的直流电压。Q_1 及 Q_2 的 C_{ob} 上流动的信号电流为 0,实质上,取消 C_{ob} 也能阻止因 C_{ob} 的电压依存性(参考图 3.19)而引起的谐波失真。在 OP 放大器 IC 的 AD846 的输出段也采用了这个概念[12]。

图 4.34 所示电路虽然使用自举这一古典技术,但设计思想却是现代的。在图 4.35 中示出实测失真系数特性。20Hz/1kHz/20kHz 的失真系数几乎没有差别。在 $1V_{RMS}$ 以下的差别是由于测量系统的剩余噪声造成的。

4.6.4　相位补偿

在图 4.34 所示电路中,实施了一定的相位补偿。相位补偿电容 C_f 的值(10pF)由 SPICE 模拟决定。在 $C_f = 10pF$ 的情况下,将负载电容 C_L 在 $1pF \sim 0.1\mu F$ 范围内变化,此时的频率特性模拟如图 4.36 所示。

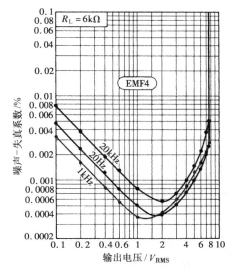

图 4.35　带有自举的 4 管射极跟随器的实测失真系数特性

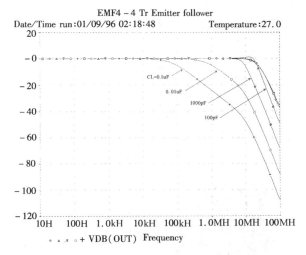

图 4.36　带有自举的 4 管射极跟随器
（图 4.34,清单 4.5）的频率特性模拟

在 $C_L = 100pF$ 的情况下,产生约 1dB 的峰,但这种程度的峰是可以允许的。模拟的电路文件示于在清单 4.5 中。晶体管模型参数使用的是清单 2.3、2.5、3.3、3.4 中的数据。即使只用 4 个晶体管,凭借所下的功夫也能得到性能良好的电路。大家也可试一下。电路板图形表示在图 4.37 中,完成后的电路板表示在照片 4.6 中。

```
EMF4 - 4 Tr Emitter follower        D2 8 9    DS1588
                                    Q1 4 2 5  QA1015
VCC VCC 0 DC +12V                   Q2 7 2 8  QC1815
VEE VEE 0 DC -12V                   Q3 VCC 6 10 QC2602
VS 1 0    AC 1V                     Q4 VEE 9 11 QA1114
R1 1 2    1K                        RL OUT 0  6K
R2 2 3    47                        CL OUT 0  {CLOAD}
Cf 3 0    10P
R3 6 7    10K                       .LIB BG1.LIB
R4 VCC 7 4.7K                       .OP
R5 9 4    10K                       .PARAM CLOAD = 1
R6 4   VEE 4.7K                     .STEP  PARAM CLOAD LIST
R7 10 OUT 47                        +    1E-12 1E-11 1E-10
R8 11 OUT 47                        +    1E-9  1E-8  1E-7
C1 7   OUT 33U                      .AC DEC 20 10 100MEG
C2 4   OUT 33U                      .PROBE
D1 6 5    DS1588                    .END
```

清单 4.5 带有自举的 4 管射极跟随器(图 4.34)的电路文件

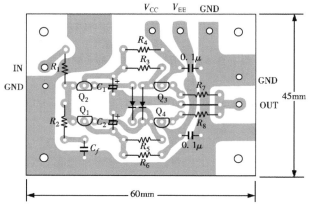

图 4.37 带有自举的射极跟随器的元器件
配置和印制线路图形(铜箔面)

照片 4.6 完成后的带有自举的射极跟随器(EMF4)的电路板

4.7 Sallen-Key 型低通滤波器

4.7.1 利用 4 管射极跟随器制作低通滤波器

由于图 4.34 所示射极跟随器有非常高的输入阻抗,所以将该电路本身作为组件,制作图 4.38 所示的有源低通滤波器(LPF)。

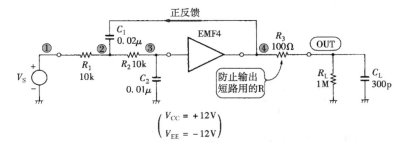

图 4.38 巴特沃思特性的 Sallen-Key 型低通滤波器

```
LOWPASS - Butterworth LPF          R6  4   VEE  4.7K
                                   R7  10  OUT  47
VS  1  0  AC  1                    R8  11  OUT  47
R1  1  2  10K                      C1  7   OUT  33U
R2  2  3  10K                      C2  4   OUT  33U
C1  2  4  0.02U                    D1  6  5    DS1588
C2  3  0  0.01U                    D2  8  9    DS 588
X1  3  4  EMF4                     Q1  4  2  5  QA1015
R3  4  OUT  100                    Q2  7  2  8  QC1815
RL  OUT  0  1MEG                   Q3  VCC  6  10  QC2602
CL  OUT  0  300P                   Q4  VEE  9  11  QA1114
                                   .ENDS
.SUBCKT EMF4 IN OUT
VCC  VCC  0  DC +12V               .LIB  BG1.LIB
VEE  VEE  0  DC -12V               .OP
R1  IN  2    1K                    .AC DEC 40 10 1MEG
R2  2  3    47                     .NOISE V(4) VS
Cf  3  0    10P                    .PROBE
R3  6  7    10K                    .END
R4  VCC  7  4.7K
R5  9  4    10K
```

清单 4.6 Sallen-Key 型低通滤波器(图 4.38)的电路文件

在图 4.38 中,由于令 $R_1 = R_2$,且 $C_1 = 2C_2$,所以有 2 次巴特沃思特性(见图 2.40(a))。

模拟的频率特性表示在图 4.39 中。在 10Hz～10kHz 的范围,是理论的频率特性,但在 22.4kHz 处有一约 −75dB 的深的下垂,呈现出"反切比雪夫特性[13]"那样的频率特性。

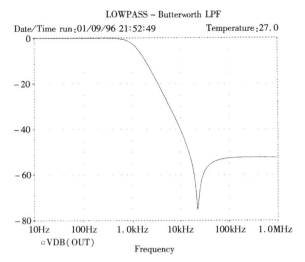

图 4.39 Sallen-Key 型低通滤波器(图 4.38)的频率特性模拟

4.7.2 下垂的原因

看一下实际电路的频率特性,如图 4.40 所示,仍然在 22.5kHz 处产生−72.8dB 的下垂。该下垂对实用完全没有影响。但是一定要掌握产生这种下垂的原因。在遇到意外的结果时,把它看作是机会的人,他的技术就会不断地提高。

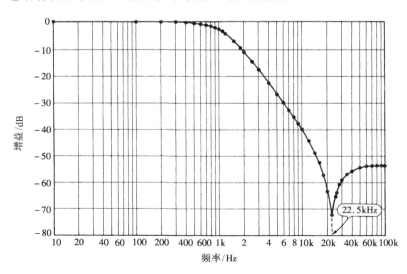

图 4.40 巴特沃思特性的 Sallen-Key 型低通滤波器(图 4.38)的实测频率特性

　　至于结论,引起频率特性下陷的原因是射极跟随器的输出阻抗 Z_O。图 4.34 的输出端的 Z_O 约为 25Ω,图 4.38 的 LPF 可用图 4.41 所示的等效电路来表示。正反馈通过 C_1 反回到输入端,由于 C_1 本身是双向性的无源元件,所以也存在着通过 C_1 的正向传输信号。

　　该信号电流被加到 R_3 上,与理想缓冲放大器的输出信号相合成。在节点 5 的这两个信号的相位,在 $22.5\mathrm{kHz}$ 时刚好为反相位,所以就产生上述的下垂现象。

　　用 SPICE 对图 4.41 所示等效电路进行模拟(清单 4.7),则可得到与图 4.39 的 f 特性极为相似的频率特性。

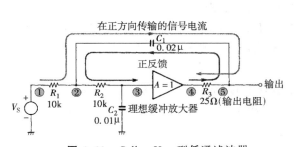

图 4.41　Sallen-Key 型低通滤波器
（图 4.38）的等效电路

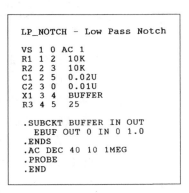

清单 4.7　图 4.41 电路的电路文件

4.8　5 管 OP 放大器

　　如将 3 管 OP 放大器(图 4.3)的 R_1 与 R_3 恢复为原来的恒流电路(图 4.2 的 I_1 与 I_2),则可以得到图 4.42 所示的 5 管 OP 放大器。Q_3 的 I_C 约为 $0.4\mathrm{mA}$,Q_4 的 I_C 约为 $6\mathrm{mA}$。可以认为不需要 R_4,但若将它省略,则在电源上升时,Q_1,Q_2,Q_3,Q_4 有陷于截止的稳定状态的时候。

　　与图 4.3 所示的 3 管 OP 放大器相比,5 管 OP 放大器具有如下的优点:

　　(1) 同相输入电压范围大[约为 $(V_{EE}+1)\mathrm{V}\sim(V_{CC}-1)\mathrm{V}$]。

　　(2) 最大输出电压大[约为 $(V_{EE}+0.1)\mathrm{V}\sim(V_{CC}-0.1)\mathrm{V}$]。

　　(3) 以 $\pm5\sim\pm18\mathrm{V}$ 的电源电压进行工作。

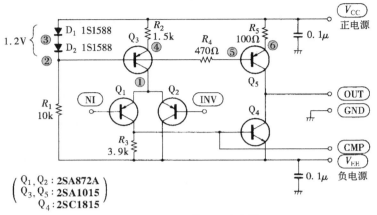

$$\left(\begin{array}{l} Q_1, Q_2 : \mathbf{2SA872A} \\ Q_3, Q_5 : \mathbf{2SA1015} \\ Q_4 : \mathbf{2SC1815} \end{array}\right)$$

图 4.42 5 管 OP 放大器

另外,比起 3 管 OP 放大器来,OUT 端的输出阻抗更高,由于在实际使用时大多加上 NFB,所以没有特别的问题。该 5 管 OP 放大器能足够地用在 OP 放大器手册或者 OP 放大器教科书中所介绍的典型应用电路中。

在图 4.42 所示电路中的 CMP～OUT 端子上连接上相位补偿电容 C_f。C_f 的值由下式决定:

$$C_f = \frac{150\text{pF}}{A_{\text{CLS}}} \tag{4.18}$$

式中,A_{CLS} 为闭环增益。闭环增益是加了 NFB 时的增益(参考第 5 章"8W 功率放大器"一节最后的专栏)。

电路板图形表示在图 4.43 中,完成后的电路板表示在照片 4.7 中。

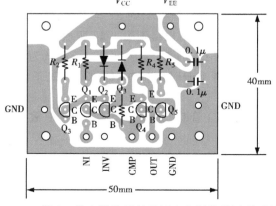

图 4.43 5 管 OP 放大器的元件配置和印制线路图形(铜箔面)

照片 **4.7**　完成后的 5 管 OP 放大器（OPAMP5）的电路板

4.9　由 5 管 OP 放大器组成的维恩电桥型正弦波振荡器

4.9.1　基本电路

图 4.44 示出了维恩电桥（Wien bridge）型正弦波振荡器的基本电路。如将图 4.44(a)所示电路改画成图 4.44(b)，则该振荡器可以理解为带通滤波器与闭环增益为 3 的 NFB 放大器进行串接，且加了正反馈的电路。

在频率为

$$f_0 = \frac{1}{2\pi RC} \tag{4.19}$$

时，带通滤波器的增益为 1/3 倍。因此，f_0 处的环路增益恰好为 1，产生频率为 f_0 的正弦波振荡。

4.9.2　振幅的稳定化[14]

在理论上闭环增益 $A_{CLS} = 3$，能得到振幅一定的正弦波。但是，A_{CLS} 稍小于 3，振荡就停止，相反，稍大于 3，则振荡振幅一直增大到最大输出电压，发生削波现象（图 4.45）。

因此，在实际电路中有必要加进去这样的一种电路机构，它能检出振荡输出振幅，在振幅比目标值小时增大 A_{CLS}，在振幅比目标值大时减少 A_{CLS}。

图 4.46 所示是由齐纳二极管组成的振幅稳定化的维恩电桥

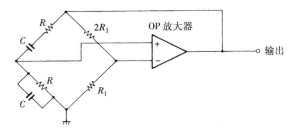

（a）维恩电桥型振荡器的原理电路

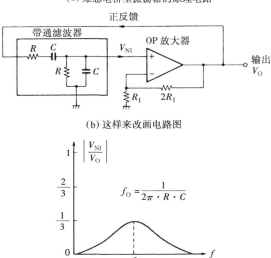

（b）这样来改画电路图

（c）带通滤波器的频率特性

图 4.44 维恩电桥型正弦波振荡器的原理电路

型振荡器。OP 放大器使用图 4.42 所示的 5 管 OP 放大器。电源电压取为±12V。如输出电压在±9V 以下，则齐纳二极管为非导通，OP 放大器的闭环增益 A_{CLS} 为：

$$A_{\mathrm{CLS}} = \frac{R_3 + R_4}{R_3} \tag{4.20}$$

所以，预先装上半固定电阻使得 A_{CLS} 比 3 稍大些。

输出电压一超过±9V，则齐纳二极管导通，对振幅进行稳定化。

$$A_{\mathrm{CLS}} = \frac{R_3 + [R_4 \; /\!/ \; (R_5 + r_{\mathrm{d}})]}{R_3} < 3 \tag{4.21}$$

式中，r_{d} 为两个二极管 D_1、D_2 的工作电阻之和。

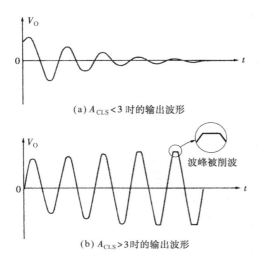

(a) $A_{\rm CLS} < 3$ 时的输出波形

波峰被削波

(b) $A_{\rm CLS} > 3$ 时的输出波形

图 4.45　振荡输出的振幅依赖于闭环增益 $A_{\rm CLS}$

在图 4.46 中的 6 个电阻中，除 R_5、R_6 之外，都使用温度系数以及对时间变化不敏感的 F 级金属膜电阻。半固定电阻可用金属膜型或者金属陶瓷型。C_1 与 C_2 用 J 级聚酯树脂电容。

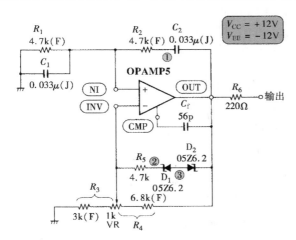

图 4.46　维恩电桥型正弦波振荡器的实用电路

4.9.3　SPICE 模拟

图 4.46 所示电路的电路文件表示在清单 4.8 中。图 4.47 是其瞬态分析结果。约在第 10 个波处达到稳定振幅。图 4.48 是将

X 轴放大来观察的波形。与单管振荡器的波形(图 2.51)相比可知,失真减少了。

```
OSC2 - Sinusoidal Oscillator          Q1  CMP NI   1  QA872A
                                       Q2  VEE INV  1  QA872A
VCC VCC  0  DC +12V                    Q3  1 2 4       QA1015
VEE VEE  0  DC -12V                    D1  VCC  3      DS1588
R1  NI   0   4.7K                      D2  3    2      DS1588
C1  NI   0   0.033U IC=2V              R1  2 VEE       10K
R2  NI   1   4.7K                      R2  4 VCC       1.5K
C2  OUT  1   0.033U                    R3  CMP VEE     3.9k
CF  OUT  CMP 56P                       R4  2    5      470
R3  INV  0   3.59K                     R5  VCC  6      100
R4  INV  OUT 7.21K                     Q4  OUT CMP VEE QC1815
R5  INV  2   4.7K                      Q5  OUT 5 6     QA1015
D1  3 2      DZ6_2                     .ENDS
D2  3 OUT    DZ6_2
X1  NI INV OUT CMP VCC VEE OPAMP5      .TRAN 10u 10m   0 10u UIC
                                       .LIB BG1.LIB
* 05AZ6.2 (VZ=6.2V,IZ=20mA,P=500mW)    .PROBE
.MODEL DZ6_2 D (IS=1E-15 BV=5.8        .END
+                RS=2 CJO=120p TT=1u)

.SUBCKT OPAMP5 NI INV OUT CMP VCC VEE
```

清单 4.8　维恩电桥型正弦波振荡器(图 4.46)的电路文件

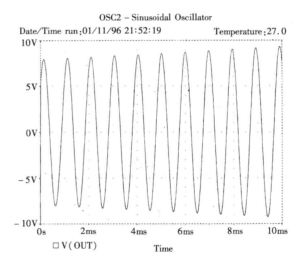

图 4.47　正弦波振荡器(图 4.46)清单 4.8 的瞬态分析结果

实测波形与失真波形(失真系数为 0.3%)表示在照片 4.8 中。使用的 OP 放大器(图 4.42)不带有射极跟随输出级,如图 4.49 所示,即使 $R_L=2k\Omega$ 仍能稳定振荡。

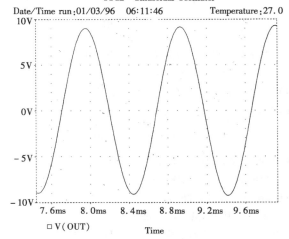

图 4.48　将图 4.47 的 X 轴进行放大

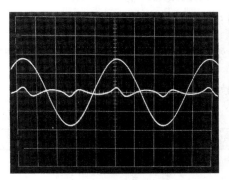

照片 4.8　维恩电桥型振荡器的输出波形

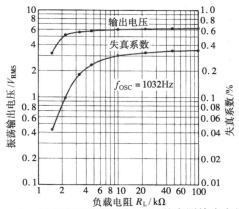

图 4.49　正弦波振荡器(图 4.46)的实测输出电压,

失真系数与负载电阻的关系特性

分贝(dB)

对于具有相同单位的两个量之比,例如电压比(V_2/V_1),用式

$$20\lg(V_2/V_1)$$

进行计算的值,称为用分贝表示的比率,在其数值的后面添加上单位 dB。例如,对于电压增益 $A_V = 10$ 倍的放大器

$$A_V = \frac{V_{OUT}}{V_{IN}} = 10 \rightarrow 20\lg10 = 20dB$$

表示"该放大器的电压增益是 20dB"。

与电压比一样,电流比也可用 dB 来表示。表 A.1 示出了 dB 与电压比(电流比也一样)的对应关系。

如果使用 dB,则可以分别用加法与减法来计算乘法与除法。例如,在增益为 4 倍的放大器的后级,连接上增益为 10 倍的放大器,则总的增益 G 为:

$$G = 4 \times 10 = 40 \text{ 倍}$$

若使用 dB,则为:

$$G = 12dB + 20dB = 32dB$$

另外,2 次量之比,例如功率之比(P_2/P_1)的分贝表示由下式来定义:

$$10\lg(P_2/P_1)$$

例如功率比 10 倍即为 10dB。

表 A.1　电压比或者电流比的分贝的换算表

dB	电压比/倍	dB	电压比/倍
40	100	0.0	1.000
20	10	−0.1	0.989
12	3.98	−1	0.897
6	1.995	−3	0.708
3	1.413	−6	0.501
1	1.122	−12	0.251
0.1	1.012	−20	0.100

第 5 章

6 管以上的电路设计与制作

5.1 8管脉宽调制电路

5.1.1 PWM 电路

图 5.1 所示是使用 3 管 OP 放大器(图 4.3)与 5 管 OP 放大器(图 4.42)的 PWM(脉冲宽度调制)电路。用输入信号 V_s 使矩形波的占空比 D(图 5.2)发生变化。

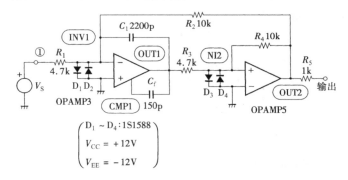

图 5.1 PWM 电路

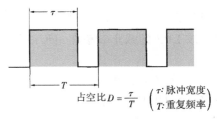

$$占空比 D = \frac{\tau}{T} \quad \left(\begin{array}{l} \tau: 脉冲宽度 \\ T: 重复频率 \end{array}\right)$$

图 5.2 占空比的定义

在图 5.1 中,如果 $V_s=0$,它就是占空比为 0.5 的矩形波振荡器。振荡原理与图 4.8 所示矩形波振荡器相同。图 5.1 电路的第 2 级 OP 放大器是施密特(Schmidt)电路,在前面的图 4.8 中,将其输出经 R_3 与 C_1 组成的分压电路(不完全积分器)反馈到反向输入端,而在图 5.1 所示电路中,是通过 $R_2 C_1$ 以及 3 管 OP 放大器构成的完全积分器(米勒积分器)反馈到第 2 级的非反向输入端。$D_1 \sim D_4$ 是为防止 OP 放大器初级差动放大晶体管的发射结击穿用的二极管。

加了 V_s 为单侧峰值振幅为 3V, $f=2\mathrm{kHz}$ 的正弦波电压时,输出波形的模拟结果表示在图 5.3 中。占空比对应于 V_s 而变化。

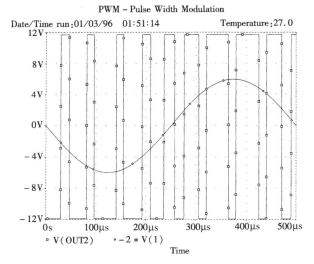

图 **5.3** PWM 电路(图 5.1,清单 5.1)的瞬态分析结果

5.1.2 解 调

PWM 波的解调是非常容易的。只要通过 LPF 就能对原信号 V_s 进行解调。该 LPF 的截止频率在矩形波的重复频率的 1/5 以下。

通过图 5.4 的 4 次无源 LPF 后,解调输出的实测失真系数示于图 5.4 中。直到输出电压 1V 都是低于 0.1% 的低失真系数。该 PWM 电路的直线性是由初级 OP 放大器所决定的。如将 3 管 OP 放大器换成 OP 放大器 IC 的 NE5532,则通过图 5.4 中的 LPF 后,在输出 $3V_{\mathrm{RMS}}$ 处的输出失真系数是 0.0032%。

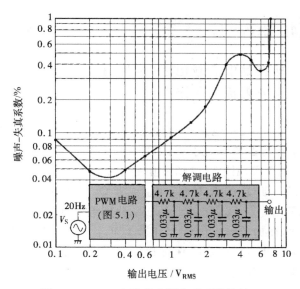

图 5.4 PWM 电路的实测失真系数特性

对于图 5.1 所示的 PWM 类型,本质上具有很好的直线性。这是由于 PWM 输出波经 R_2 反馈到初级,然后与输入信号进行比较的缘故。除用 NFB 外没有其他办法。

PWM 电路(图 5.1)的电路文件表示在清单 5.1 中。副(sub)载波电路 OPAMP3 与 OPAMP5 的电路文件请参见清单 4.1 及清单 4.8。

```
PWM - Pulse Width Modulation
VCC  VCC  0  DC  +12V
VEE  VEE  0  DC  -12V
VS   1  0  SIN(0  3V  2KHz)
R1   1  INV1      4.7K
R2   INV1  OUT2   10K
R3   OUT1  NI2    4.7K
R4   NI2   OUT2   10K
C1   INV1  OUT1   2200P
CF   CMP1  OUT1   150P
D1   INV1  0       DS1588
D2   0  INV1       DS1588
D3   NI2  0        DS1588
D4   0  NI2        DS1588

X1  0  INV1  OUT1  CMP1  VCC  VEE  OPAMP3
X2  NI2  0   OUT2  CMP   VCC  VEE  OPAMP5

.TRAN 1u 0.5m   0 1u UIC
.LIB BG1.LIB
.PROBE
.END
```

清单 5.1 PWM 电路(图 5.1)的电路清单

5.2　6管射极跟随器

5.2.1　即使是低负载电阻,也具有良好失真系数特性的互补射极跟随器

对图 4.33 所示电路进行改进,即使是低负载电阻,也具有良好失真系数特性的互补射极跟随器示于图 5.5 中[15],图中的 Q_3 与 Q_4 是用于实现图 4.33 所示电路中的恒流源 I_1 与 I_2 的电路。实际上,Q_3 与 Q_4 的 I_c 对应于 Q_5 或者 Q_6 的 I_c 而变化,总之,D_3、Q_3、R_3、R_4、R_5 与 D_4、Q_4、R_8、R_9、R_{10} 分别组成电流镜像电路。

由此,在加了输入信号 V_s 时,$\Delta(V_{EB1}+V_{D1})$ 与 ΔV_{BE5} 保持相等,$\Delta(V_{EB2}+V_{D2})$ 与 ΔV_{EB6} 保持相等。所以就抵消了在 Q_5、Q_6 发生的非线性失真。

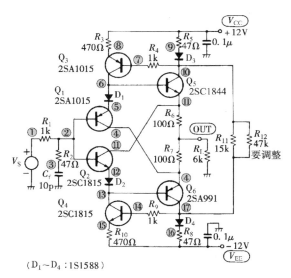

（$D_1 \sim D_4$：1S1588）

图 5.5　6管射极跟随器

基本的考虑方法与第 4 章的 3 管射极跟随器的失真消除法相同,但有一点不同,即将电流镜像的基准电流从最后输出级取出,反馈到前级射极跟随器(正反馈)。

为了得到最好的失真系数,有必要在 D_3 与 D_4 上加上适量的直流偏置电流,调整 R_{12} 以调节偏置电流。R_{12} 安装在电路板(图 5.6)的背面。

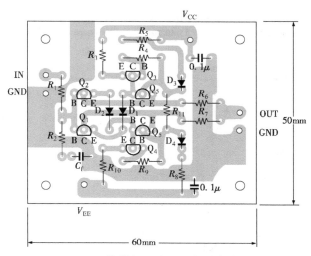

图 5.6　6 管射极跟随器的印制线路图形

Q_1 的集电极接 Q_6 的发射极，Q_2 的集电极接 Q_5 的发射极来进行自举，以期达到与 4 管射极跟随器一样的效果。

$C_f = 10pF$ 的作用是，保持从 Q_1、Q_2 基极端看到的信号源阻抗在高频范围为电容性的。它等效地降低了图 3.24 中的 R_2，控制了 LC 振荡槽路的 Q 值，提高了稳定性。

由 SPICE 模拟（参见清单 5.2）来确定 C_f 的最恰当数值。AC 解析结果表示在图 5.7 中。C_f 为 5pF 太小，为 20pF 太大。取其中间值 10pF。

```
EMF6 - 6Tr Emitter follower          Q2  11  2  12  QC1815
                                     Q3  6   7  8   QA1015
VCC VCC 0 DC +12V                    Q4  13  14 15  QC1815
VEE VEE 0 DC -12V                    Q5  10  6  11  QC1844
VS 1 0  AC 1V SIN (0 8V 1KHz)        Q6  17  13 4   QA991
R1   1   2   1K                      RL  OUT 0  6K
R2   2   3   47
Cf   3   0   {Cf}                    .MODEL QA991 PNP (IS=4.5E-14 BF=400
R3   VCC 8   470                     +      XTB=1.4 RB=24 TF=0.7N TR=28N
R4   7   10  1K                      +      CJE=24P CJC=29P IK=0.1 VA=100)
R5   VCC 9   47
R6   11  OUT 100                     .MODEL QC1844 NPN(IS=8.5E-14 BF=400
R7   4   OUT 100                     +      XTB=1.7 RB=24 TF=0.5N TR=20N
R8   16  VEE 47                      +      CJE=25P CJC=11.7P IK=0.1 VA=100)
R9   14  17  1K
R10  15  VEE 470                     .OP
R11  10  17  15K                     .LIB BG1.LIB
R12  10  17  47K                     .PARAM Cf = 1
D1   6   5       DS1588              .STEP PARAM Cf LIST 2P 5P 10P 20P
D2   12  13      DS1588             *.TRAN 10us 1ms 0 10us
D3   9   10      DS1588              .AC DEC 20 10 100MEG
D4   17  16      DS1588              .PROBE
Q1   4   2   5   QA1015              .END
```

清单 5.2　6 管射极跟随器的电路文件

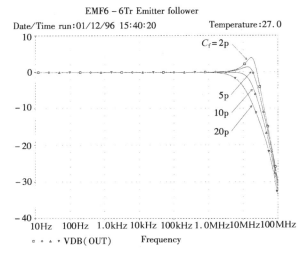

图 **5.7** 6 管射极跟随器(图 5.5. 清单 5.2)
的 AC 解析结果

在 OUT 端连接负载电容,由 SPICE 很容易证明,对于任意大小的电容电路都是稳定的。

5.2.2 失真系数的实测

实际测得的失真系数表示在图 5.8 中。与 4 管射极跟随器的失真系数(图 4.35)相比没什么变化。但在负载电阻低的情况下,就能发挥 6 管射极跟随器的实力(图 5.9)。比起双管互补射极跟随器的失真系数与负载电阻的关系(图 4.32),尽管输出电压约大 20%,但在 800~1kΩ 的负载电阻时失真系数却大幅度地减少。

由于图 5.5 所示电路使用了相当高级的技术,面向初学者未必合适。

但另一方面,若只是大量地对容易的电路进行演练,也不可能掌握模拟电路的设计技术。只有挑战困难的电路,不断地失败,努力进取,也能体验到设计的乐趣。

另外,电路板的实装并不特别的困难。完成后的 6 管射极跟随器电路板示于照片 5.1 中。

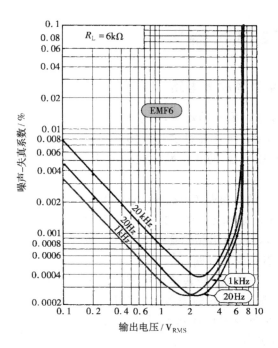

图 5.8　6 管射极跟随器(图 5.5)
的实测失真系数特性

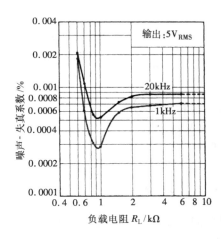

图 5.9　6 管射极跟随器的失真系数与
负载电阻的关系实测特性

照片 5.1　完成后的 6 管射极
跟随器的电路板

5.3 7管高速宽带放大器

5.3.1 渥尔曼放大电路

共射极电路因米勒效应,等效地将 C_{BC} 的 $(1+A)$ 倍的电容并联在 C_{BE} 上,所以频率特性变坏。图 5.10 所示是将共射极电路与共基极电路相组合,防止米勒效应的电路。通常称为"Cascode 电路"。

Cascode 的名称是 Cascade(级联)与 triode(3 极真空管)相组合的合成词。原来是指将 3 极真空管串联连接的电路。如图 5.10(a) 所示,在使用晶体管或 FET 时,也习惯地称呼为 Cascode 电路(即渥尔曼放大电路)。

图 5.10 中的 Q_2 是共基极电路,在小信号等效电路(图 2.11(b))的发射极-基极间的输入电阻近似地为 $1/g_m$。

由于 Q_2 的发射极输入电阻就是 Q_1 的负载电阻,所以 Q_1 的基极→集电极电压增益为:

$$A = g_{m1}\left(\frac{1}{g_{m2}}\right) \approx 1 \tag{5.1}$$

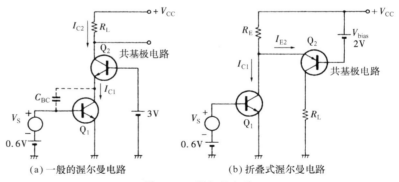

(a) 一般的渥尔曼电路 (b) 折叠式渥尔曼电路

图 5.10 渥尔曼电路

因此,在 Q_1 的基极-发射极间只要加上 2 倍 C_{BC} 的电容,事实上,C_{BC} 的米勒效应就可以忽略。

渥尔曼电路以 2 管为 1 组构成,可看作是 1 级放大器。由于共基极电路的电流增益 $\Delta I_{c2}/\Delta I_{E2}$ 为:

$$\frac{\Delta I_{C2}}{\Delta I_{E2}} = \frac{h_{fe2}}{1+h_{fe2}} \approx 1 \tag{5.2}$$

所以 Q_1 的基极→Q_2 的集电极的电压增益 A 为：

$$A = \left(\frac{\Delta I_{C1}}{\Delta V_{BE1}}\right)\left(\frac{\Delta I_{C2}}{\Delta I_{C1}}\right) R_L \approx g_{m1} R_L \qquad (5.3)$$

即渥尔曼电路的增益与共射极电路的增益一样。

5.3.2　折叠渥尔曼电路

图 5.10(b) 是将 NPN 型与 PNP 型晶体管组合成的渥尔曼电路，称为"折叠渥尔曼电路"。Q_2 的发射极电流 I_{E2} 可由下式给出：

$$I_{E2} = \left(\frac{V_{bias} - V_{EB2}}{R_E}\right) - I_{C1} \qquad (5.4)$$

为了防止 I_{E2} 的截止。对 R_E 进行设定以满足下式：

$$R_E (I_{C1})_{max} < V_{bias} - 0.6 \qquad (5.5)$$

5.3.3　7 管高速宽带放大器电路的结构

参见图 5.11。Q_1、Q_2、Q_3、Q_4 是将差动放大器与共基极电路组合成的折叠渥尔曼电路。

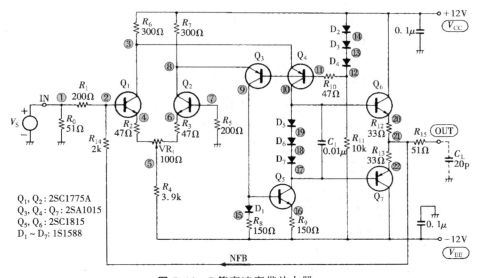

图 5.11　7 管高速宽带放大器

D_1、R_8、Q_5、R_9 是电流镜像电路，它将 Q_3 的集电极输出电流进行相位反转，与 Q_4 的集电极输出电流相合成。

R_4 是恒流电路的代用电阻。由于是反相放大器，所以初级的差动放大电路的同相输入电压非常小，于是图 5.11 所示电路可以

用 R_4 来代替。另外,在非反相放大器的情况下,一定要插入恒流电路。

Q_3、Q_4、的 I_C 必须是 Q_1、Q_2、的 I_C 的 2 倍。设计值为 $I_{C1}=I_{C2}=1.44\text{mA}$,$I_{C3}=I_{C4}=2.8\text{mA}$。

用 100Ω 的半固定电阻来调节输出补偿电压($V_s=0$ 时在输出端出现的 DC 电压)到 0。

5.3.4 频率特性

图 5.11 所示放大器的高频开环增益 A 为

$$|A| = \frac{g_\text{m}'}{2\pi fC} \tag{5.6}$$

式中的 g_m' 是考虑了初极 Q_1 的局部电流反馈后的有效互导。如设图 5.11 的节点 4 到半固定电阻中点的电阻为 R_E,则:

$$g_\text{m}' = \frac{g_\text{m1}}{1+g_\text{m1}R_E} \tag{5.7}$$

$$= \frac{0.055}{1+0.055 \times 97} \approx 0.0087(\text{S})$$

式(5.6)中的 C 是 $Q_4 \sim Q_7$ 的 C_ob 的合计值。但是仅仅是 Q_5 的 C_ob 取为 2 倍。即:

$$C = C_\text{ob4} + 2C_\text{ob5} + C_\text{ob6} + C_\text{ob7} = 15\text{pF} \tag{5.8}$$

由上式可以算出 $f=1\text{MHz}$ 时的开环增益为 92 倍(约 39dB)。

清单 5.3 为用 SPICE 的 AC 解析分析的开环增益和最终增益。如图 5.12 所示,在 1MHz 的开环增益约为 38dB。最终增益

```
CASCODE - Wide freq range amp      R10  11   12    47
VCC VCC 0 DC +12V                  D2   VCC  14    DS1588
VEE VEE 0 DC -12V                  D3   14   13    DS1588
VS 1 0 AC 1V PWL(0 0.0 1N  0.8     D4   13   12    DS1588
+ 0.5U 0.8 0.501U -0.8 1U -0.8     D5   10   19    DS1588
+        1.001U 0.8  1.2U  0.8)    D6   19   18    DS1588
R1 1 2     200                     D7   18   17    DS1588
R2 4 5     97                      Q6   VCC  10 20  QC1815
R3 6 5     97                      Q7   VEE  17 22  QA1015
R4 5 VEE   3.9K                    R11  12   VEE   10K
R5 7 0     200                     R12  20   21    33
R6 VCC 3   300                     R13  21   22    33
R7 VCC 8   300                     R14  21   2     2K
Q1 3 2 4     QC1775A               R15  21   OUT   51
Q2 8 7 6     QC1775A               CL   OUT  0  20P
Q3 9 11    8 QA1015                .LIB BG1.LIB
Q4 10 11  3 QA1015                 .OP
Q5 17 9 16 QC1815                  .AC DEC 20 10 100MEG
C1 10 17     0.01U                 .TRAN 0.01U 1.2U 0 0.01U
D1 9 15      DS1588                .PROBE
R8 15 VEE    150                   .END
R9 16 VEE    150
```

清单 5.3 7 管高速宽带放大器(图 5.11)的电路文件

的 3dB 截止频率模拟结果为 10.5MHz。实测值为 11.2MHz(图 5.13)。

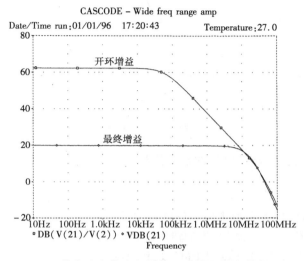

图 5.12　7 管高速宽带放大器的开环增益和最终增益

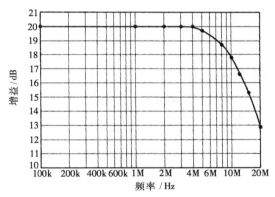

图 5.13　7 管高速宽带放大器(图 5.11)
的实测频率特性

5.3.5　转换速率

当将大振幅的矩形波加到平坦放大器(具有平直的频率特性的放大器)上时,通常可以得到图 5.14 所示的直线的上升(或者下降)的响应波形。称该直线的斜率为转换速率(Slew-rate)。

典型的 OP 放大器(图 4.2)的转换速率 SR 由相位补偿电容

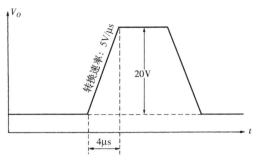

图 5.14 转换速率

C_f 上可能流动的电流的最大值与 C_f 所决定：

$$\mathrm{SR} = \frac{I_1}{C_f} \qquad (5.9)$$

式中，I_1 为差动放大电路的共发射极电流。

图 5.11 所示放大器的转换速率可以根据在 R_4 上流动的直流偏置电流 I_{R4} 与 $Q_4 \sim Q_7$ 上的 C_{ob} 之和（但 Q_5 的 C_{ob} 取为 2 倍）算出：

$$\mathrm{SR} = \frac{I(R_4)}{C_{ob4} + 2C_{ob5} + C_{ob6} + C_{ob7}} \qquad (5.10)$$

$$= \frac{2.88 \times 10^{-3}}{15 \times 10^{-12}} = 192 \times 10^6 \,\mathrm{V/s}$$

即 $\mathrm{SR} = 192\,\mathrm{V/s}$。

模拟的矩形波响应特性示于图 5.15 中，转换速率在上升和下

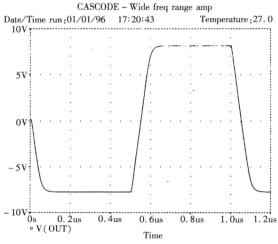

图 5.15 7 管高速宽带放大器（清单 5.3）的瞬态分析

降的波形处都是 $160\text{V}/\mu\text{s}$。实测(照片 5.2)仍然是 $\pm160\ \text{V}/\mu\text{s}$。

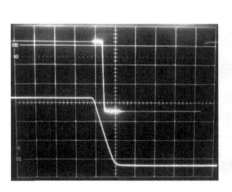

照片 5.2　矩形波响应的输出波形

$$\left(\begin{array}{l}\text{上}:5\text{V}/\text{div.},1\mu\text{s}/\text{div}\\ \text{下}:5\text{V}/\text{div.},0.1\mu\text{s}/\text{div}\end{array}\right)$$

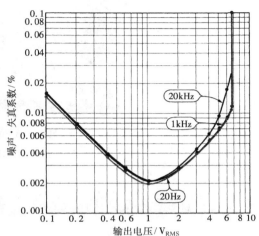

图 5.16　7 管高速宽带放大器的
实测失真系数特性

实测失真系数特性表示在图 5.16 中。即使与同种类的 IC 化的 OP 放大器(例如 LM6364)相比也不逊色。如果也使用 7 管的话,能够制作出具备实用性的电路。

图 5.17 为电路板图形,照片 5.3 所示为完成后的电路板。

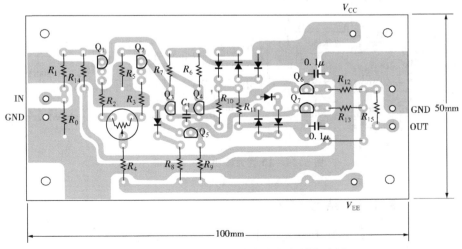

图 5.17　7 管高速宽带放大器的印制线路图

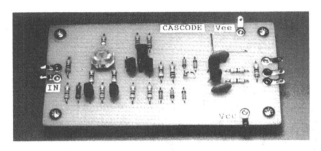

照片 **5.3** 完成后的 7 管高速宽带
放大器的电路板

5.4 10 管大输出电流放大器

在初级使用 FET 差动放大电路,在最后级使用 B 类互补射极跟随器的 OP 放大器所组成的大输出电流放大器,其电路如图 5.18 所示。

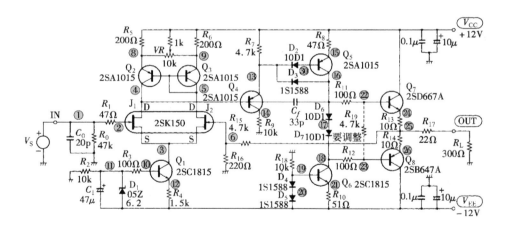

图 5.18 10 管大输出电流放大器

5.4.1 结型 FET

图 5.18 所示电路中使用的 FET 是结型 FET(Junction FET,JFET)。与双极型晶体管一样,有如图 5.19 所示的两种类型(N 沟道型与 P 沟道型)。FET 的三个端子,即漏、栅、源分别相应于

晶体管的集电极、基极、发射极。

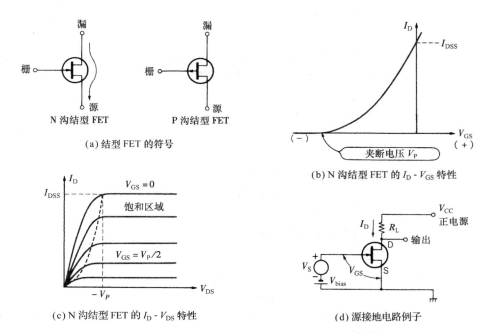

(a) 结型 FET 的符号

(b) N 沟结型 FET 的 I_D - V_{GS} 特性

(c) N 沟结型 FET 的 I_D - V_{DS} 特性

(d) 源接地电路例子

图 5.19　结型 FET 的静态特性

漏极电流 I_D 被栅–源间电压 V_{GS} 所控制,下式近似地成立:

$$I_D \approx I_{DSS}\left(\frac{V_P - V_{GS}}{V_P}\right)^2 \qquad (5.11)$$

式中,I_{DSS} 为 $V_{GS}=0$ 时的 I_D,V_P 为夹断电压(I_D 截止时的 V_{GS})。

结型 FET 的栅电流是 PN 结的饱和电流,所以它比双极型晶体管的基极电流要小得多。结型 FET 的小信号等效电路也用 π 形模型(图 5.20)表示。结型 FET 的 SPICE 主要模型参数如下:[16]

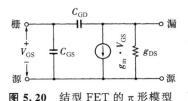

图 5.20　结型 FET 的 π 形模型

（1）VTO

阈值电压由下式确定：

$$V_{\text{TO}} = -|V_{\text{P}}|\tag{5.12}$$

夹断电压的符号对于 N 沟道器件是负的，对于 P 沟道器件是正的，但是参数 VTO 的符号则都是负的。

（2）BETA

β 按下式确定：

$$\beta = \frac{I_{\text{DSS}}}{V_{\text{P}}^2}\tag{5.13}$$

β 是为了计算转移电导 g_{m} 的参数，g_{m} 由下式给出：

$$g_{\text{m}} = 2\beta(V_{\text{GS}} - V_{\text{P}})\tag{5.14}$$

（3）CGS

是零偏压时栅-源间的结电容。如将工作点的 C_{GS} 表示成 $(C_{\text{GS}})_{\text{M}}$，则

$$(C_{\text{GS}})_{\text{M}} = \frac{G_{\text{GS}}}{\sqrt{1 - (V_{\text{GS}}/\phi_0)}}\tag{5.15}$$

式中 ϕ_0 是栅 PN 结的接触电位，在 SPICE 中 ϕ_0 表示成 PB。PB 的省略值是 1V。

（4）CGD

C_{GD} 是零偏压下栅-漏间结电容。工作点的 C_{GD} 为：

$$(C_{\text{GD}})_{\text{M}} = \frac{G_{\text{GD}}}{\sqrt{1 - (V_{\text{GD}}/\phi_0)}}\tag{5.16}$$

（5）LAMBDA

在饱和区，理想 FET 的 $I_{\text{D}} - V_{\text{DS}}$ 曲线如图 5.19(C)所示是水平的，但实际的 FET 的这条特性曲线是有一定斜率的。该斜率是 π 形模型的漏-源间电导 g_{DS}（图 5.20）。利用 λ 与 I_{D} 可以计算出 g_{DS} 为：

$$g_{\text{DS}} = \lambda I_{\text{D}}\tag{5.17}$$

5.4.2 参数的代入

图 5.21 中示出了所用的 FET（2SK150）的 I_{D}-V_{GS} 特性、C_{iss}-V_{DS} 特性及 C_{rss}-V_{GD} 特性。

通常即使是同一型号的 FET，其 I_{DSS} 与 V_{P} 也有如图 5.21 所示的分散性。因此可按 I_{DSS} 进行分挡。如使用 BL 挡，则 $V_{\text{P}} = -1\text{V}$，$I_{\text{DSS}} = 10\text{mA}$。将该值代入式（5.13）：

$$\beta = 10^{-2}\,\mathrm{A/V^2}$$

C_{rss} 与 C_{iss} 定义如下：

$$\left.\begin{array}{l} C_{\mathrm{iss}} = C_{\mathrm{GD}} + C_{\mathrm{GS}} \\ C_{\mathrm{rss}} = C_{\mathrm{GD}} \end{array}\right\} \tag{5.18}$$

$C_{\mathrm{rss}}(C_{\mathrm{GD}})$ 如图 5.21 所示与 V_{GD} 有关。选定零偏压 C_{GD} 与 $\phi_0(\mathrm{PB})$，使得由式（5.16）计算出的 $(C_{\mathrm{GD}})_{\mathrm{M}}$ 尽可能地与图 5.21 中的曲线相一致。在这里取 $C_{\mathrm{GD}} = 6\,\mathrm{pF}$，$\mathrm{PB} = 8\,\mathrm{V}$。

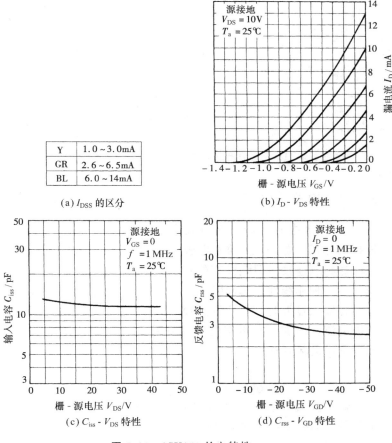

Y	1.0 ~ 3.0mA
GR	2.6 ~ 6.5mA
BL	6.0 ~ 14mA

(a) I_{DSS} 的区分

(b) I_{D} - V_{DS} 特性

(c) C_{iss} - V_{DS} 特性

(d) C_{rss} - V_{GD} 特性

图 5.21　2SK150 的电特性

由 C_{iss} 曲线与 $(C_{\mathrm{GD}})_{\mathrm{M}}$，取 $C_{\mathrm{GS}} = C_{\mathrm{iss}} - (C_{\mathrm{GD}})_{\mathrm{M}} = 10\,\mathrm{pF}$。将上述的结果表示在清单 5.4 中。

```
OPAMP10 - High Output Current
VCC VCC 0 DC +12V
VEE VEE 0 DC -12V
VS 1 0 AC 1V PULSE(-.25 .25 1us
+            1ns 1ns 5us 10us)
R1  1  2        47
J1  4  2  3     JK150
J2  5  6  3     JK150
Q1  3  10 12    QC1815
R2  0  11       10K
R3  10 11       100
C1  11 VEE      47U
D1  VEE 11      DZ6_2
R4  12 VEE      1.5K
R5  VCC 8       190
R6  VCC 9       190
Q2  4  5  8     QA1015
Q3  5  5  9     QA1015
Q4  14 4  13    QA1015
Q5  16 30 15    QA1015
R8  VCC 15      47
R7  VCC 13      4.7K
D2  30  13      D10D1
D3  16  13      DS1588
CF  4  16       33P
R9  14 0        10K
R18 0  19       10K
D4  19 20       DS1588
D5  20 VEE      DS1588
Q6  18 19 21 QC1815
```

```
R10  21 VEE     {RX}
R11  16 22      100
R12  18 23      100
D6   16 17      D10D1
D7   17 18      D10D1
Q7   VCC 22 24 QD667A
Q8   VEE 23 26 QB647A
R13  24 25      10
R14  25 26      10
R15  25 6       4.7K
R16  6  0       220
R17  25 OUT     22
RL   OUT 0      300
.MODEL JK150    NJF(BETA=10m VTO=-1.0
+               CGD=6p CGS=10p PB=8)
.MODEL QB647A PNP(IS=2.0E-13 BF=200
+    VA=200 IK=0.6 RB=20 XTB=2.0
+    CJC=82p CJE=160p TF=1.1n TR=44n)
.MODEL QD667A NPN(IS=1.6E-13 BF=200
+    VA=200V IK=0.5 RB=20 XTB=1.3
+    CJC=42P CJE=140P TF=1.1n TR=44n)
.OP
.LIB BG1.LIB
.PARAM RX = 51
.STEP PARAM RX LIST 51 100
.AC DEC 20 10 10MEG
.TRAN 0.2us 10us 0 0.2us
.PROBE
.END
```

清单 5.4 10 管大输出电流放大器(图 5.18)的电路文件

5.4.3 电路的说明

图 5.18 中的 Q_2,Q_3 是电流镜像电路。Q_4 与 Q_5 起着达林顿连接的作用。如将 Q_4 的集电极连接到 Q_5 的集电极。则成为真正的达林顿连接。但是没有优点,这是由于发生了非线性失真的缘故。这种非线性失真起因于 Q_4 的 C_{BC} 对电压的依存性。

在输入过大时,D_3 可防止 Q_5 的 V_{CE} 饱和 R_9 可限制 Q_4 的集电极电流。C_f 是相位补偿电容。利用 C_f 与初级 J_1 的 g_m 可以近似地算出高频开环增益:

$$|A| = \frac{g_m}{2\pi f C_f} \tag{5.19}$$

输出级 Q_7、Q_8 是 B 类工作(图 5.22)。在 B 类工作中,在每个信号半周内 Q_7、Q_8 的一侧处于截止,所以如空载电流过小,则信号不能顺利合成。就会发生所谓的交叉失真。另外,空载电流过大也会使失真系数变坏。

通常,如设定空载电流,使在 B 类工作时 Q_7 的发射极～Q_8 的发射极间电压约为 $60mV$,则能够控制交叉失真为最小。由于 Q_7、Q_8 的 V_{BE} 随温度变化,所以必须使基极-基极间偏置电压也以相同的温度系数进行变化。使用 D_6 与 D_7 对偏置电压进行补偿。

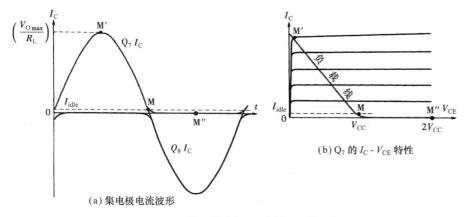

(a) 集电极电流波形

(b) Q_7 的 I_C - V_{CE} 特性

图 5.22 B 类互补射极跟随器的工作特性

另外,连接在节点 22 与 23 中间的电阻是偏置电压微调用的。它安装在电路板的背面,完成后的电路板示于照片 5.4。Q_6 是恒流电路。Q_6 的 I_C 太小,则不能完全驱动输出级的等效电容,如图 5.24 所示的在矩形波响应中产生下冲。但是如 I_C 增加过大,超过 Q_5 与 Q_6 的 P_C 额定值,可靠性就会下降。由于有很多的制约条件,所以要实现模拟电路的最佳设计是很困难的。

照片 5.4 完成后的 10 管大输出电流放大器的电路板

反之,设计者的能力会直接反映在所设计电路的性能上。能用一般的元件做出性能最好的电路才是第一流的工程师。

提供大输出电流的放大器的电源旁路电容,其电容值必须随输出电流而增加。在本机器中,在陶瓷型 0.1μF 的电容上并联连接 10μF 的铝电解电容。节点 1 的 C_0 = 20pF 是防止输入开路时振荡用的电容。

R_L = 300Ω 时的实测失真系数特性见图 5.25。图 5.26 是输出电压为 5V_{RMS} 时的失真系数与负载电阻的关系特性(实测值)。

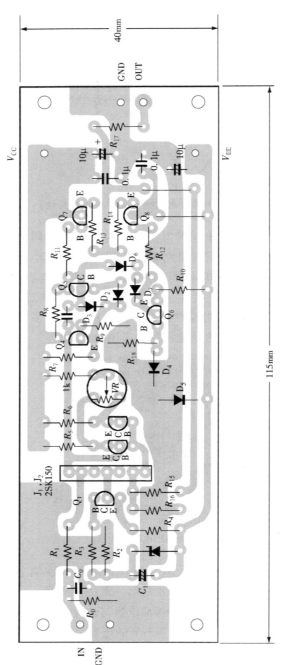

图5.23 10管大输出电流放大器的印制线路图形

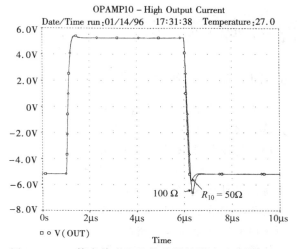

图 5.24　10 管大输出电流放大器的脉冲响应模拟

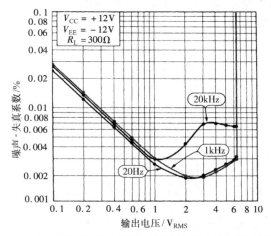

图 5.25　10 管大输出电流放大器的实测失真系数特性

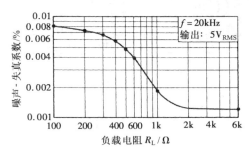

图 5.26　10 管大输出电流放大器的实测
失真系数与负载电阻的关系

5.5 8W 功率放大器

5.5.1 设计制作功率放大器

即使是功率放大器,也有好有坏,但是,无论是好是坏,用分立元器件来组装所花费的功夫几乎没有什么不同。因此,如果是小输出功率的放大器,就介绍根据 Hi-Fi 放大器设计方法的功率放大器。

图 5.27 所示为不包含电源部分的功率放大器的整体电路。电源部分使用现成的非稳定电源(图 5.28)。该电源的输出电压在无信号时为 $\pm 20\text{V}$,在额定负载时约为 $\pm 17.2\text{V}$。如果图 5.27 所示电路中的功率晶体管的 $V_{\text{CEO}} > 100\text{V}$, $P_{\text{c}} = 100\text{W}$ 档次的功率晶体管来代替,则在不改变电路的情况下,直至 $\pm 35\text{V}$ 的电源电压都能稳定地工作。此时,在负载电阻为 8Ω 时,最大输出可以得到 50W 左右。

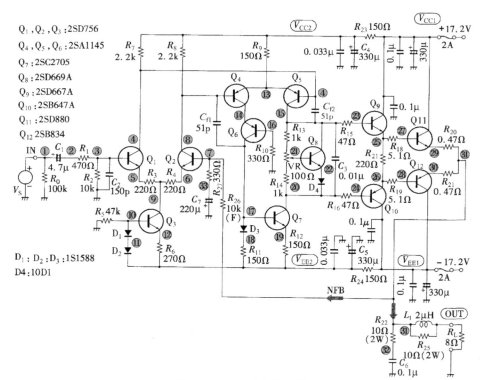

图 5.27 8W 功率放大器

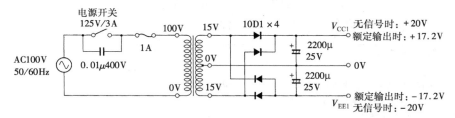

图 5.28　8W 功率放大器用的电源

5.5.2　电路说明

在"2 级差动放大＋电流镜像$(D_3、R_{11}、Q_7、R_{12})$＋2 级达林顿输出级"的分立半导体放大器中,图 5.27 所示电路是最稳定的工作类型。图中 Q_6 是共基极电路,Q_4 与 Q_6 是渥尔曼电路。其目的不是为防止米勒效应,而是为了保持 Q_4 与 Q_5 的平均 V_{CE} 相等,保持 Q_4 与 Q_5 的平均消耗功率相同,从而使得 Q_4 与 Q_5 的结温取得平衡而插入的。$C_{f1} = C_{f2} = 51pF$ 是相位补偿电容。

高频开环增益可近似表示为:

$$|A| \approx \left(\frac{g_{m1}}{1 + g_{m1}R_3}\right)\left(\frac{1}{2\pi f C_{f2}}\right) \tag{5.20}$$

式中,g_m 为 Q_1 的互导,其值为 37mS。

5.5.3　输出级的设计

功率放大器的输出级一定采取 B 类互补射极跟随器。每一个 B 类推挽工作的晶体管的最大功耗 P_{Dmax} 为:

$$P_{Dmax} \approx \frac{V_{CC}^2}{10R_L} \tag{5.21}$$

图 5.28 所示电路的电源电压 V_{cc1} 在 17.2~20V 的范围变化,但在消耗 P_{Dmax} 功率时的 V_{cc1} 约为 18V。如果 $R_L = 8\Omega$,则

$$P_{Dmax} \approx \frac{18^2}{10 \times 8}$$

如果功率晶体管的 P_C 为 P_{Dmax} 的 10 倍以上则是没有什么问题的。然而在这里使用的是 $P_C = 30W$ 的东芝 2SD880/2SB834。其理由是:

(1) 容易买到;

(2) 在 PSPICE/CQ 版的元件库"BGLIB"中,载有器件模型(QD880,与 QB834)。

图 5.29 示出了 2SD880 的最大额定值与电特性。清单 5.5 是功率放大器的电路文件。

○ 低频功率放大用

单位:mm

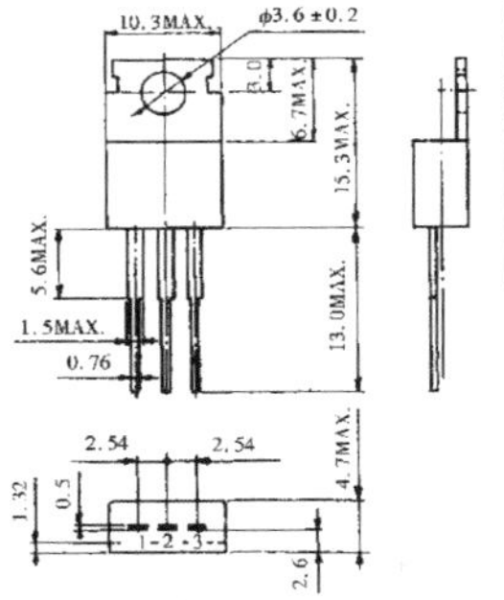

- 包和电压低:$V_{CE(sat)} = 0.4V$(标准)($I_C = 3A, I_B = 0.3A$)
- 集电极损耗大:$P_C = 30W$($T_C = 25℃$)

最大额定值($T_a = 25℃$)

项 目	符号	额定值	单位
集电极–基极间电压	V_{CBO}	60	V
集电极–发射极间电压	V_{CEO}	60	V
发射极–基极间电压	V_{EBO}	7	V
集电极电流	I_C	3	A
基极电流	I_B	0.3	A
集电极损耗	P_C	30	W
结温	T_j	150	℃
保存温度	T_{stg}	$-55 \sim 150$	℃

1. 基极
2. 集电极(散热板)
3. 发射极

JEDEC	TO-220AB
EIAJ	SC-46
东芝	2-10A1A

电特性($T_c = 25℃$)

项 目		符号	测量条件	最小	标准	最大	单位
集电极截止电流		I_{CBO}	$V_{CB} = 60V, I_E = 0$	—	—	100	μA
发射极截止电流		I_{EBO}	$V_{EB} = 7V, I_C = 0$	—	—	100	μA
集电极–发射极间击穿电压		$V_{(BR)CEO}$	$I_C = 50mA, I_B = 0$	60	—	—	V
直流电流放大率		$h_{FE(1)}$(注)	$V_{CE} = 5V, I_C = 0.5A$	60		300	
		$h_{FE(2)}$	$V_{CE} = 5V, I_C = 3A$	20			
集电极–发射极饱和电压		$V_{CE(sat)}$	$I_C = 3A, I_B = 0.3A$	—	0.4	1.0	V
基极–发射极间电压		V_{BE}	$V_{CE} = 5V, I_C = 0.5A$	—	0.7	1.0	V
过渡频率		f_T	$V_{CE} = 5V, I_C = 0.5A$	—	3.0	—	MHz
集电极输出电容		C_{ob}	$V_{CB} = 10V, I_E = 0, f = 1MHz$	—	70	—	pF
开关时间	开通时间	t_{on}	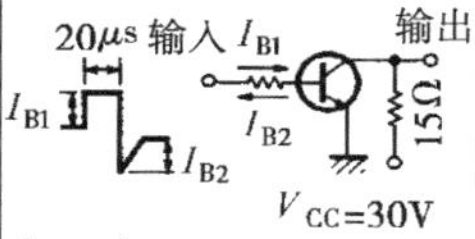 $20\mu s$ 输入 I_{B1} 输出 15Ω I_{B1} I_{B2} $V_{CC} = 30V$ $I_{B1} = -I_{B2} = 0.2A$, 重复频率≤1%	—	0.8	—	μs
	存储时间	t_{stg}		—	1.5	—	
	下降时间	t_f		—	0.8	—	

注:$h_{FE(1)}$ 分类 O:60~120,Y:100~200,GR:150~300

图 5.29 2SD880 的最大额定值和电特性

〔(株)东芝,半导体ドキュメント・サイト,引自:http://doc.semicon.toshiba.co.jp/〕

```
POWERAMP -                          R23 VCC1 VCC2 150
VCC VCC1 0 DC +17.2V                R24 VEE1 VEE2 150
VEE VEE1 0 DC -17.2V                C4  VCC2 0    330U
Vs  1 0    AC 1 SIN(0 0.3 20kHz)    C5  VEE2 0    330U
C1  1 2       4.7U                  C6  32   0    0.1U
R1  2 3       470                   L1  31   OUT  2UH
R2  3 0       10K                   R25 31   OUT  10
C2  3 0       150P                  R26 31   7    10K
Q1  4 3 5     QD756                 R27 33   7    330
Q2  8 7 6     QD756                 C7  33   0    220U
Q3  9 10 12   QD756                 RL  OUT  0    8
R3  5 9       220
R4  6 9       220                   .MODEL D10D1 D(IS=2.5E-13
R5  0 10      47K                   + BV=100 RS=0.1 CJO=100p TT=1u)
R6  12 VEE2   270
D1  10 11     DS1588                .MODEL QA1145 PNP (IS=2.1E-14 BF=160
D2  11 VEE2   DS1588                +     VA=200 IK=50m RB=70 XTB=1.7
R7  VCC2 4    2.2K                  +     CJC=7.5p CJE=20p TF=0.7n TR=28n)
R8  VCC2 8    2.2K
Q4  14 8 13   QA1145                .MODEL QB834 PNP (IS=1.4E-12 BF=110
Q5  15 4 13   QA1145               +       BR=11 VA=50 IK=1 RB=1.4
R9  VCC2 13   150                   +       RC=0.14 XTB=2 CJC=360p
Q6  17 16 14  QA1145                +       CJE=900p TF=18n TR=720n)
CF1 8 17      51P
CF2 4 15      51P                   .MODEL QC2705 NPN(IS=2.8E-14 BF=160
D3  17 18     DS1588                +     XTB=1.7 RB=70 CJC=5.1p CJE=22p
Q7  20 17 19  QC2705                +     IK=50m VAF=200 TF=0.7n TR=28n)
Q8  15 21 22  QD669A
D4  22 20     D10D1                 .MODEL QD669A NPN (IS=2.5E-13 BF=200
C3  15 20     0.01U                 +   VA=200 IK=1 RB=20 XTB=1.7 CJC=60P
R10 16 0      330                   +   CJE=200P TF=1.1n TR=44n)
R11 18 VEE2   150
R12 19 VEE2   150                   .MODEL QD756 NPN (IS=2.8E-14 BF=500
R13 15 21     1.065K                +   VA=150 RB=200 IK=30m CJC=4.2p
R14 21 20     1.035K                +   CJE=6.0p XTB=1.7 TF=0.5n TR=20n)
R15 15 23     47
R16 20 24     47                    .MODEL QD880 NPN (IS=1.4E-12 BF=110
Q9  VCC1 23 25 QD667A               +     BR=5.8 VA=100 IK=1.8 RB=0.58
Q10 VEE1 24 26 QB647A               +     RC=0.058 XTB=1.7 CJC=168p
R17 25 26     220                   +     CJE=420p TF=53n TR=2.1u)
R18 25 27     5.1
R19 26 28     5.1                   .LIB BG1.LIB
Q11 VCC1 27 29 QD880                .OP
Q12 VEE1 28 30 QB834                .AC DEC 20 1 10MEG
R20 29 31     0.47                  .TRAN 0.1U 100U 0 0.1U
R21 30 31     0.47                  .PROBE
R22 31 32     10                    .END
```

清单 5.5 8W 功率放大器的电路文件

5.5.4 散热设计

必须将功率晶体管的结温控制在 150℃ 以下。功率晶体管上都安装有散热器,当在一个散热器上安装了 2SD880 与 2SB834 时,各功率晶体管的结温 T_j 由下式给出:

$$T_j = T_a + 2P_C\theta_{sa} + P_C(\theta_{jc} + \theta_{cs}) \tag{5.22}$$

式中,θ_{sa} 为散热器的热阻;θ_{jc} 为功率晶体管的内部热阻;θ_{cs} 为绝缘片的热阻;T_a 为环境温度;P_C 为每个晶体管的耗散功率。

若使用 $\theta_{sa} = 2℃/W$ 的散热器,则

$$\theta_{jc} = \frac{T_{jmax} - 25}{P_C} = \frac{125}{30} = 42℃/W \tag{5.23}$$

估计 $\theta_{cs}=1\,℃/W$。如设 $T_a=40\,℃$，$P_c=P_{Dmax}=4W$，则可以算出

$$T_j=40+2×4×2+4×(4.2+1)=76.8\,℃$$

有足够的富余量。

为了避免输出级的热击穿,在功率晶体管的发射极插入 $0.47\Omega/2W$ 的水泥(cement)电阻。所谓输出级的热击穿是晶体管的一种被破坏现象,是由于晶体管的温度上升→V_{BE} 减少→空载电流 I_{idle} 增加→功耗增大→结温上升的恶性循环而引起的。

另外,水泥电阻的电感成分会引起开关失真的增大与频率特性的变坏[17],所以请尽可能选择电感成分少的电阻品牌。

一般的水泥电阻是用水泥对绕线电阻进行加固的,所以具有相当大的电感。推荐使用福岛双羽的 MPC78/74 型水泥电阻(照片 5.5),在内部使用金属箔电阻,如图 5.30 所示是低电感的电阻。

照片 **5.5** 福岛双羽水泥
电阻 MPC74 型(5W)

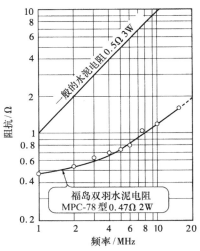

图 **5.30** 水泥电阻的阻抗与
频率的关系特性(实测)

5.5.5 偏压的温度补偿

如图 5.31 所示,Q_8 是输出级偏置电压(约 2.6V)用的稳压电路。夹着绝缘片使 Q_8 与功率晶体管紧密接触。若功率晶体管发热、Q_8 的结温也上升,输出级偏置电压下降,从而可控制空载电流 I_{idle} 的上升。

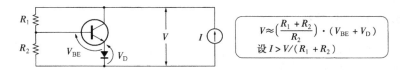

$$V \approx \left(\frac{R_1 + R_2}{R_2}\right) \cdot (V_{BE} + V_D)$$

设 $I > V/(R_1 + R_2)$

图 5.31　由单管构成的稳压电路

5.5.6　稳定化线圈

$L_1 = 2\mu H$(图 5.27)是电感,扬声器的连接电缆的分布电容和扬声器的音圈绕线分布电容等构成功率放大器的负载电容,L_1 是用于防止射极跟随器不稳定的电感。它是将 $\phi 1.2$ 的漆包线以内径 15mm 紧密绕制 15 圈而成的。图 5.27 中的 R_{22}(10Ω,金属氧化膜电阻)与 C_6(0.1μF)也是稳定化元件。一定要接上。

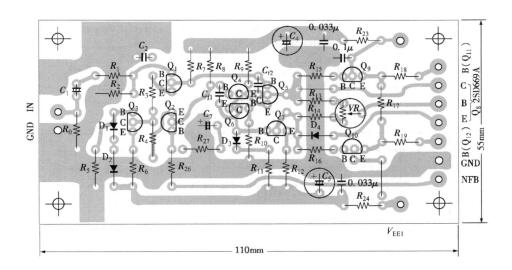

图 5.32　8W 功率放大器的印制电路板图形(功率晶体管安装在散热器上)

5.5.7　空载电流的调整

8W 功率放大器印制电路板的图形表示在图 5.32 中。部件的配置图是从背面(图形面)看去的透视图。将半固定电阻 100Ω (VR)按顺时针方向旋到头,然后接入电源。然后再缓慢地反时针方向旋转 VR,使得 Q_{11} 的发射极~Q_{12} 的发射极间电压为 60mV. 在调整中,请将功率放大器的输入端与 GND 短路。

5.5.8　频率特性

模拟的频率特性(清单 5.5)表示在图 5.33 中,实测的频率特性示于图 5.34。它们非常一致。

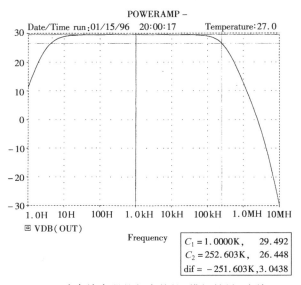

图 5.33　8W 功率放大器的频率特性(模拟结果,清单 5.5)

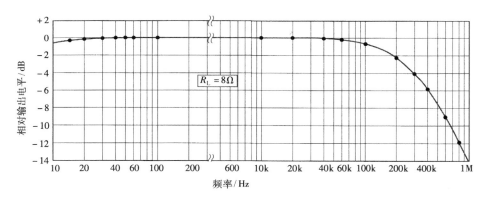

图 5.34　8W 功率放大器的实测频率特性

Hi-Fi 功率放大器的闭环截止频率通常设定在 $1\sim2\text{MHz}$,但本功率放大器控制在约 300kHz,这是由于功率晶体管(2SD880)的 f_T 较低的缘故(3MHz)。因此,高频的 NFB 量相当少,$f=20\text{kHz}$ 的 3 次谐波(60kHz)的反馈量为 14dB。但是,如图 5.35 所示,失真系数没有变坏。

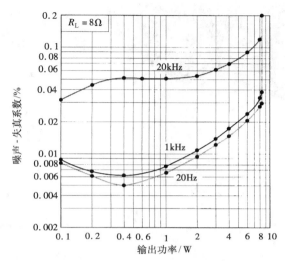

图 5.35　8W 功率放大器的实测失真系数特性

在照片 5.6 示出了 8W 功率放大器的矩形波响应,是非常稳定的。该功率放大器的元器件配置表示在照片 5.7 中。

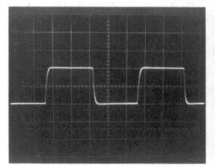

(a) f = 20kHz, 1V/div., R_L = 8Ω

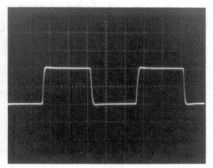

(b) f = 20kHz, 1V/div., R_L = 8Ω//0.033μF

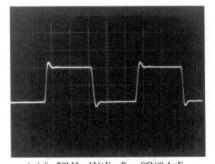

(c) f = 20kHz, 1V/div, R_L = 8Ω//0.1μF

照片 5.6[1]　8W 功率放大器的矩形波响应

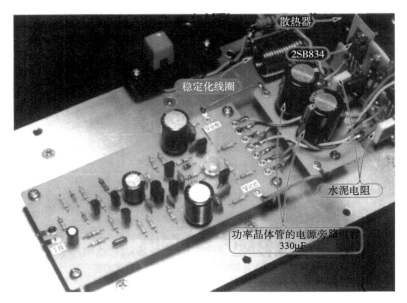

照片 5.7 8W 功率放大器的元器件配置

为了清楚地捕捉到交叉失真的样子,在模拟的瞬态解析中,将步进间隔取为 $0.1\mu s$。Q_{11} 与 Q_{12} 的发射极电流波形的模拟如图 5.36 所示,放大波形示于图 5.37。Q_{11} 与 Q_{12} 的波形是非对称的

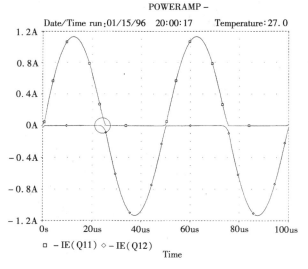

图 5.36 8W 功率放大器的功率晶体管
发射极电流波形(清单 5.5,$f=20\text{kHz}$)

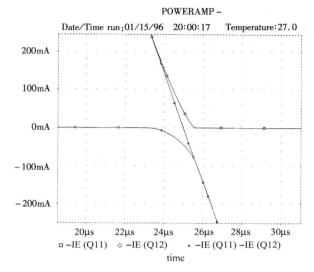

图 5.37　图 5.36 所示波形的局部放大

（即表示存在开关失真）。但由于 NFB，合成波形 $[I_{E(Q_{11})}-I_{E(Q_{12})}]$ 比较圆滑地相连接。现在变更功率晶体管的模型参数 TF 的值，看一下交叉点的发射极电流波形如何地变化。

　　功率放大器在进行实机测试时经常有功率晶体管被损坏的危险，如果是用 SPICE 进行模拟，则一定是安全的。但是，由于 SPICE，没有考虑到因器件自身发热引起的结温上升，所以 B 类功率放大器的实测失真系数与模拟的傅里叶解析有很大差别。SPICE 也不是万能的。

　　该 8W 功率放大器作为音乐再生用完全具备实用性。在接上电源时也不会发出"喀嚓"声。实测的输出补偿电压约 1mV。

　　即使在今日，Hi-Fi 用音频放大器也都是用分立半导体电路制作。读者不妨把它作为模拟电路设计的锻炼场所来试一试。

术语解说

输入输出阻抗

　　• 四端网络的输入阻抗

　　在图 A.1(a) 中，输入阻抗 Z_{in} 由下式定义：

$$Z_{in}=V_1/I_1$$

• 四端网络的输出阻抗

如图 A.1(b)所示,将信号源电压短路去除,并在输出侧插入信号源的电路中,其输出阻抗 Z_o 定义如下:

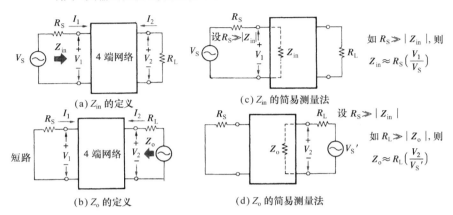

(a) Z_{in} 的定义　　　　　(c) Z_{in} 的简易测量法

(b) Z_o 的定义　　　　　(d) Z_o 的简易测量法

图 A.1　输入阻抗和输出阻抗

$$Z_o = \frac{V_2}{I_2}$$

通常 Z_{in} 与 R_s 无关,是一定值但与 R_L 有关。因此,想得到正确的 Z_{in} 时,就要表明 R_L 的值。相反,Z_o 与 R_L 无关是一定值但与 R_s 有关。在 Z_{in} 和 Z_o 的测量中,必须测量 I_1 和 I_2。电流的测量是麻烦的,因此,在很多情况下,通过测量两个电压来推算 Z_{in} 和 Z。

• Z_{in} 的测量

仅仅看一下图 A.1(a)的输入部分,就可以得到图 A.1(c)所示电路。因此有

$$V_1 = \left(\frac{Z_{in}}{R_S + Z_{in}}\right) V_S$$

在式中,当使用比 $|Z_{in}|$ 大得多的 R_s 时,则:

$$V_1 \approx \left(\frac{Z_{in}}{R_S}\right) V_S$$

因此可以算出 Z_{in} 为:

$$Z_{in} \approx R_S \left(\frac{V_1}{V_S}\right)$$

• Z_O 的测量

对于 Z_O,情况也一样,使用比 $|Z_O|$ 大得多的 R_L,且使用 V_2 与 V'_s 的测量值,则可以算出 Z_O 为:

$$Z_O \approx R_L \left(\frac{V_2}{V'_S}\right)$$

开环增益,闭环增益,反馈率,环增益

这些是 NFB 放大器的基本概念,在图 A.2 所示的电路中,定义如下:

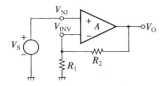

图 A.2　NFB 放大器

▶ 开环增益 A:

$$A \equiv \frac{V_o}{V_{NI} - V_{INV}}$$

▶ 反馈率 β:

$$\beta \equiv \frac{V_{INV}}{V_O} = \frac{R_1}{R_1 + R_2}$$

▶ 环增益 A_L:

$$A_L \equiv A\beta$$

▶ 闭环增益 A_{CL}:

$$A_{CL} = \frac{V_O}{V_S} = \frac{A}{1 + A\beta}$$

5.6　使用 FET 可变电阻电路的低失真系数振荡器

5.6.1　FET 构成的可变电阻器

1. 工作原理

当栅-源间电压 V_{GS} 在 $-2 \sim 0V$ 以 $0.2V$ 步长变化时,N 沟道结型 FET2SK30A 的输出静特性如图 5.38 所示。它是依据清单 5.6 的电路文件进行模拟的。图 5.38 中的各 I_D-V_{DS} 曲线都通过原点,在原点附近几乎都是直线。也就是说,漏-源之间在原点附近可以看作电阻。图中的各直线斜率代表漏-源间的电导 g_{DS},它的倒数 $(1/g_{DS})$ 就是漏-源间电阻。

g_{DS} 可以按下式所示对漏电流 I_D 以 V_{DS} 进行偏微分求得:

$$g_{DS} = \frac{\partial I_D}{\partial V_{DS}} \tag{5.24}$$

在原点附近,结型 FET 的 I_D 由下式给出[16]:

$$I_D = \left(\frac{I_{DSS}}{V_P^2}\right) V_{DS} [2(V_{GS} - V_P - V_{DS})] \tag{5.25}$$

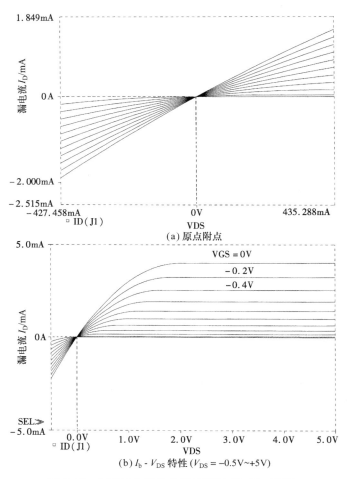

图 5.38 2SK30A 的输出静态特性(I_D-V_DS特性)

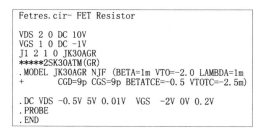

清单 5.6 结型 FET2SK30A 的电路文件

由式(5.24)与式(5.25)可导出电导 g_DS 为:

$$g_\text{DS} = 2\beta(V_\text{GS} - V_\text{P} - V_\text{DS}) \qquad (5.26)$$

式中, V_{GS} 为栅-源间电压; V_P 为夹断电压(阈值电压); V_{DS} 为漏-源间电压; I_{DSS} 为栅-源间电压为 0 时的饱和漏电流。

$$\beta = \frac{I_{DSS}}{V_P{}^2} \tag{5.27}$$

对于图 5.38 所用的 FET 情况下,由于假定 $V_P = -2V$, $I_{DSS} = 4mA$,所以由式(5.27)可得

$$\beta = \left(\frac{4 \times 10^{-3}}{(-2)^2} \right) = 1 \times 10^{-3} \tag{5.28}$$

例如,在 $V_{GS} = V_{DS} = 0$ 时,根据式(5.26),漏-源间电导 g_{DS} 为:

$$g_{DS} = 4 \times 10^{-3}(S) \tag{5.29}$$

漏-源间电阻是其倒数,即为 250Ω。

根据图 5.38 和式(5.26),很明显,漏-源间电阻在原点附近是随 V_{GS} 而变化的,所以,在这个范围可以将 FET 作为可变电阻器来使用。

2. FET 可变电阻电路的失真系数

图 5.39(a)所示是通过控制 2SK30A 的栅-源间电压来使输入交流信号衰减的衰减器。虽然该电路是样品,但失真系数特性(图 5.40 所示的曲线(a))并不太好。

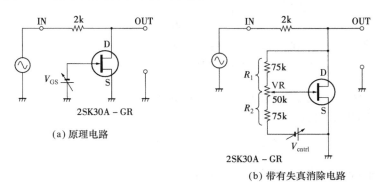

图 5.39 由 FET 构成的衰减器

失真的原因如式(5.26)所示,是由于 g_{DS} 随 V_{DS} 变化的缘故。这可由图 5.38 直接感受到。虽然图 5.38(a)的各曲线几乎都是直线,但仔细观察可以发现是弯曲的。因此,在这种弯曲的情况下,一般会发生以二次失真为主体的偶次谐波失真。

3. 消除 FET 可变电阻电路的失真的电路

图 5.39(a)所示是利用刚好将 50%的 V_{DS} 反馈到 FET 的栅极

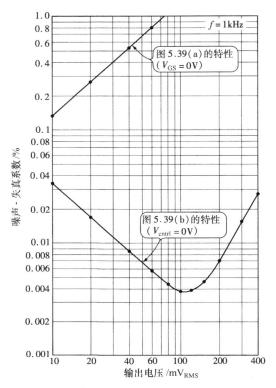

图 5.40 使用 FET 可变电阻后的衰减器
实测失真系数特性

的方法消除上述失真的衰减器。在该电路中，将 R_1 与 R_2 设定为相等，则下式成立：

$$V_{GS} = \frac{V_{DS} + V_{cntrl}}{2} \tag{5.30}$$

式中，V_{cntrl} 是控制衰减量的控制电压。将式(5.30)代入式(5.25)，则可得：

$$I_D = \left(\frac{I_{DSS}}{V_P^2}\right)(V_{cntrl} - 2V_P)V_{DS} \tag{5.31}$$

在式(5.31)中，I_{DSS}、V_P、V_{cntrl} 是与 V_{DS} 相独立的常量或者变量，所以，根据式(5.24)与式(5.31)，漏-源间电导 g_{DS} 为：

$$g_{DS} = \left(\frac{I_{DSS}}{V_P^2}\right)(V_{cntrl} - 2V_P) \tag{5.32}$$

式(5.32)的右边是控制电压 V_{cntrl} 的函数，与 V_{DS} 没有关系。即 I_D 与 V_{DS} 的关系是完全直线性的关系，不发生失真。

　　附加了图 5.39（b）所示的失真消除电路后，2SK30A 的 I_D-V_{DS} 特性模拟（电路文件表示在清单 5.7 中）如图 5.41 所示。可见，各特性曲线在原点附近完全是直线。

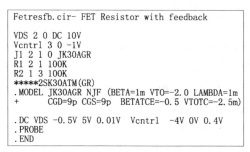

```
Fetresfb.cir- FET Resistor with feedback

VDS 2 0 DC 10V
Vcntrl 3 0 -1V
J1 2 1 0 JK30AGR
R1 2 1 100K
R2 1 3 100K
*****2SK30ATM(GR)
.MODEL JK30AGR NJF (BETA=1m VTO=-2.0 LAMBDA=1m
+      CGD=9p CGS=9p  BETATCE=-0.5 VTOTC=-2.5m)

.DC VDS -0.5V 5V 0.01V  Vcntrl  -4V 0V 0.4V
.PROBE
.END
```

清单 5.7　将漏-源间电压的 50％反馈
到栅之后的 2SK30A 的电路文件

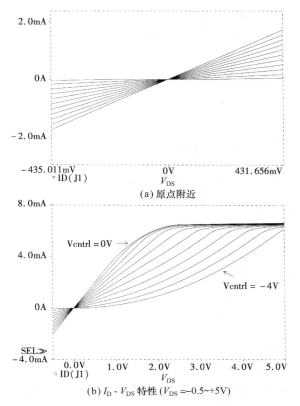

（a）原点附近

（b）I_D-V_{DS} 特性（V_{DS} =-0.5~+5V）

图 5.41　附加有失真消除电路的图 5.39（b）的
2SK30A 的 I_D-V_{DS} 特性

图 5.40 的曲线(b)是在图 5.39(b)中,令 $V_{cntrl}=0$ 时的实测失真系数特性。与图 5.39(a)电路的失真系数特性[图 5.40 的曲线(a)]相比较,失真系数小于 1/100。在低输出电压时,曲线(b)的"噪声–失真系数"增加,这主要是由于图 5.39(b)所示电路的电阻 R_1、R_2 所产生的热噪声(参考下一小节有关"热噪声"的专栏)引起的。如降低 R_1、R_2 的电阻值,热噪声就会减少,可以得更好的噪声、失真系数特性。

图 5.39 所示电路中所用的 2SK30A(GR 挡)的 I_{DSS} 与 V_P 的实测值为 $I_{DSS}=54mA$,$V_P=-2.38V$。在图 5.39 所示电路中,通常,夹断电压越大的 FET,其失真系数越低。

5.6.2　低失真系数的正弦波振荡器

图 5.42 是将图 5.39(b)中的 FET 可变电阻电路应用到振荡器的振幅控制上的例子,是一种被称为状态变数型的典型的正弦波振荡器。失真系数能做得非常小。它的外形如照片 5.8 所示。

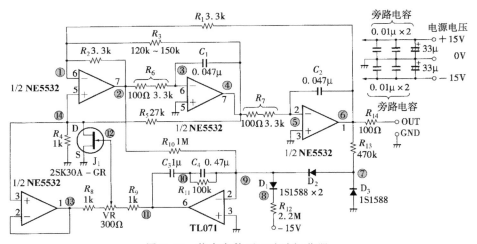

图 5.42　状态变数型正弦波振荡器

该振荡器的基本电路如图 5.43 所示。在 OP 放大器 A_1、A_2、A_3 上加了复杂的反馈。由于反馈,信号可在电路内循环,其循环路径通常称为"反馈环路"或者"环路",在该振荡器内有如图 5.43 描述的如下三个环路。

照片 5.8   完成后的状态变数型正弦波振荡器

1. 三个环路

（1）主环路。

信号从第 3 级输出→初级→第 2 级→第 3 级进行循环的环路。在状态变数型振荡器中，以它的主环路的"环路增益"为 1 的频率进行振荡。

所谓环路增益是如图 5.44 所示，将环路的一个地方切断，将切断处的一端看作输入，将另一端看作输出，在输入端加了测试信号时的输入输出之比。

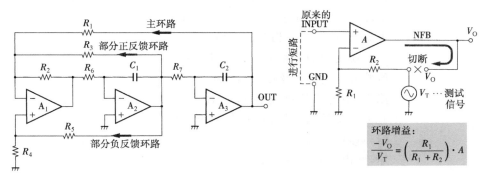

图 5.43   状态变数型正弦波振荡器的基本电路　　**图 5.44   环路增益的概念**

设图 5.43 中的 C_1 的阻抗为 Z_1、C_2 的阻抗为 Z_2，则主环路的环路增益 G 可由下式给出：

$$G = \left(\frac{R_2}{R_1}\right)\left(\frac{Z_1}{R_6}\right)\left(\frac{Z_2}{R_7}\right) \tag{5.33}$$

式中，如令 $R_1 = R_2$，$R_6 = R_7 = R$，$C_1 = C_2 = C$，则环路增益为 1 的频率即振荡频率 f。可由下式给出：

$$f_。= \frac{1}{2\pi RC} \tag{5.34}$$

$$\approx \frac{1}{6.283 \times 3.4 \times 10^3 \times 0.047 \times 10^{-6}}$$

$$\approx 996$$

（2）局部负反馈环路。是以 A_2 的输出→初级的非反向输入
→第 2 级进行循环的环路，它控制着振荡波的振幅。

在 R_3 比 R_1 大得多时，局部负反馈环路的环路增益 G_{LN} 为：

$$G_{LN} = \left(\frac{R_4}{R_4 + R_5}\right)\left(\frac{R_1 + R_2}{R_1}\right)\left(\frac{Z_1}{R_6}\right) \tag{5.35}$$

（3）局部正反馈环路。是以 A_2 的输出→初级的反向输入→
第 2 级进行循环的环路，它对振荡波的振幅进行放大。

局部正反馈环路的环路增益 G_{LP} 为：

$$G_{LP} = \left(\frac{R_2}{R_3}\right)\left(\frac{Z_1}{R_6}\right) \tag{5.36}$$

2. 正弦波振幅的控制

如果 OP 放大器和 CR 是理想的，当 G_{LN} 与 G_{LP} 的值完全相等
时，正弦波的振幅保持恒定值。但在实际中，即使 G_{LN} 与 G_{LP} 相等
振幅也不恒定。因此，将正弦波振幅检出，如振幅比目标值大，就
增加局部负反馈量来抑制振幅。相反，若振幅比目标值小时就减
少局部负反馈量，相对地使局部正反馈占优势来放大振幅。

在实际的电路（图 5.42）中，用由二极管 D_2 与 R_{13} 组成的平均
值检波电路将正弦波振幅检出，将 D_2 正向电流的平均值与在 R_{12}
流动的直流基准电流进行比较。如果振幅过大，OP 放大器
TL071 的输出（引脚 6）电位降低，与 R_4 并联的 FET 可变电阻的
栅-源间电压就偏向负方向，漏-源间电阻增加，局部负反馈量增
加，振幅就向着目标值减少。反之情况也一样，振幅向目标值变
化。

另外，D_1 是用于抵消 D_2 正向电压的温度系数的温度补偿二
极管。D_3 是为了使在节点 7 的电压波形正负对称的二极管。

R_{10} 用于减少 TL071 输出电压中的波纹。它利用 A_1 的输
出正弦波与 A_3 的输出正弦波的相位偏离 $180°$，将单波整流波
形变成全波整流波形（图 5.45）。要使波纹最小，必须满足下
式：

$$R_{10} = 2R_{13} \tag{5.37}$$

在图 5.42 所示振荡器中，加了图 5.43 所示的三个环路，包括

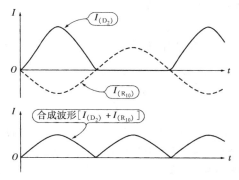

图 5.45　因 R_{10} 的插入使合成电流成为
全波整流波形

如上所述的振幅稳定化用的负反馈环路。与 C_3 串联的 C_4 与 R_{11} 是该振幅稳定化负反馈的相位补偿元件。在振荡频率 f_0 大幅度（$\pm50\%$ 以上）变化时，R_{11} 的值由下式来确定：

$$R_{11} = 100\text{k}\Omega \times \sqrt{\frac{1000}{f_0}} \tag{5.38}$$

3. FET 可变电阻的失真消除电路

2SK30A 的漏-源间电压经由增益为 1 的缓冲放大器→R_8、VR、R_9 的分压电路，反馈到栅。

即使是没有缓冲放大器的电路（图 5.39(b)）失真也能完全消除，在该电路中，V_{cntrl} 经由 R_1 传输到 FET 的漏极，在漏-源间产生补偿电压。为了把补偿电压抑制在很小值，必须增大 R_1、R_2 的值，必然地，R_1、R_2 的热噪声也增大。

如图 5.42 所示，插入缓冲放大器，则 V_{cntrl}（即 TL071 的输出电压）不能传输到漏极，所以图 5.42 中的 R_8 值能取得很小，热噪声也很小。

4. 电阻与电容的选择

图 5.42 中的 R_1、R_2 及 R_6、R_7 中 3.3kΩ 电阻必须使用金属膜型 F 级（误差 $\pm1\%$）电阻。其他的电阻用碳膜型 J 级（误差 $\pm5\%$）就可以。

C_1，C_2 必须使用 J 级苯乙烯电容或者 J 级聚酯电容。对应于 C_1 与 C_2 的 $\tan\delta$（参考下述相关专栏），有必要对 R_3 的值进行微调。当对 R_3 的值进行微调时，连带地 2SK30A 的栅-源间电压也发生变化。调整 R_3 使栅-源间电压处于 0V 至夹断电压的 $\frac{1}{2}$ 左右的范围内。使用苯乙烯电容时，阻值为 150kΩ，用聚酯电容则为 120kΩ.

C_3 与 C_4 一定要使用薄膜类电容。

热　噪　声

由于热能，电子在电阻体内作不规则的运动所产生的噪声称为热噪声，也称作约翰逊噪声。无论是何种电阻，发生热噪声都是必然的，其噪声频谱直至非常高的频率都是一定的。即均等地含有所有的频率成分。

热噪声电压 e_n 的方均值 $\overline{e_n{}^2}$ 与电阻值和温度以及频带宽度成正比，即

$$\overline{e_n{}^2} = 4k\mathrm{TRB} \tag{5.A}$$

式中，k——玻尔兹曼常量 $k = 1.3805 \times 10^{-23} \mathrm{J/K}$；

　　　T——电阻的绝对温度，K；

　　　R——电阻的阻值，Ω；

　　　B——频带宽度，Hz。

因此，用有效值表示的热噪声电压 E_{RMS} 可用下式给出：

$$E_{\mathrm{RMS}} = \sqrt{\overline{e_n^2}} = \sqrt{4k\mathrm{TRB}} \tag{5.B}$$

例如，对于由 1kΩ 的电阻发生的热噪声电压，要考虑 0～1MHz 的频率成分，在电阻的温度为 300K 时，则有效值噪声电压 E_{RMS} 为：

$$E_{\mathrm{RMS}} = \sqrt{4 \times 1.3805 \times 10^{-23} \times 300 \times 10^3 \times 10^6}$$
$$\approx 4.07(\mu\mathrm{V}_{\mathrm{RMS}})$$

5. 失真消除电路可变电阻的调整

消除 FET 可变电阻失真的反馈到栅的反馈率在理论上为 50%，但实际上，根据每一个 FET 的不同，分散在 40%～60% 左右的范围。

测量该振荡器（图 5.42）的输出失真系数，在失真系数为最小的位置上来调整可变电阻 VR(300Ω)。即使温度发生变化，最佳点也不发生变化，所以没有必要进行频繁的调整。

该振荡器的实测振荡频率为 995Hz，实测输出电压为 7.04V_{RMS}，实测噪声失真系数为 0.000064%（−124dB）。

6. 状态变数型正弦波振荡器的模拟

对图 5.42 所示电路进行模拟。因为有 5 个 OP 放大器，所以若对 OP 放大器采用复杂模型，则在 SPICE 的评价版中，会发生存储量不足。在这里，使用图 5.46 所示的 OP 放大器模型。

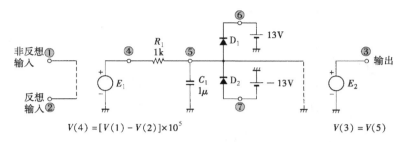

$$V(4) = [V(1) - V(2)] \times 10^5 \qquad\qquad V(3) = V(5)$$

图 5.46　OP 放大器的模型

（1）接通电源后的 2 秒间的变化。

图 5.47 是用清单 5.8 的电路文件进行模拟后的正弦波输出波形与 2SK30A 的控制电压（TL071 输出端电压）的变化情况。由于是观察电源接通后的 2 秒间的变化情况，所以正弦波输出波形是用包络线的形式表示的。如将时间轴放大，则可以看出确实是正弦波（图 5.48～图 5.50）。

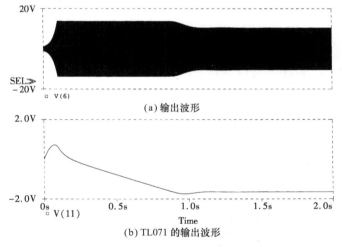

（a）输出波形

（b）TL071 的输出波形

图 5.47　根据清单 5.8 的模拟结果

（$R_{11} = 100\text{k}\Omega$；在约 1.4 秒处，振幅趋于恒定值）

（2）接通电源后到 20ms 的变化。

图 5.48 是接通电源后到 20ms 时的输出波形变化情况。正弦波振幅呈指数函数式的增长。振幅的增大一直持续到 100ms 以后。在 100ms～1s 的期间，振幅超过目标值（±10V），即振幅过冲。在这期间，由于受 OP 放大器可能提供的输出电压

```
SV_OSC- STATE VARIABLE OSCILLATOR      J1 14 12  0 JK30A
                                       X1 14  1  2 OPAMP
Vee Vee 0 DC -15v                      X2  0  3  4 OPAMP
                                       X3  0  5  6 OPAMP
C1   3  4  0.047U  IC=1V               X4  0  9 11 OPAMP
C2   5  6  0.047U                      X5 14 13 13 OPAMP
C3  10 11  1U
C4   9 10  0.47U                       .SUBCKT OPAMP 1 2 3
R1   1  6  3.3K                          E1 4 0 1 2 1E5
R2   1  2  3.3K                          R1 4 5 1K
R3   1  4  150K                          C1 5 0 1UF
R4  14  0  1K                            E2 3 0 5 0 1
R5   4 14  27K                           D1 5 6 DIDEAL
R6   2  3  3.4K                          D2 7 5 DIDEAL
R7   4  5  3.4K                          V1 6 0 13V
R8  12 13  1.15K                         V2 7 0 -13V
R9  11 12  1.15K                         .MODEL DIDEAL D(IS= 1E-12)
R10  2  9  1MEG                         .ENDS
R11  9 10  100K
R12  8 VEE 2.2MEG                       .LIB c:¥spice¥lib¥bg1.lib
R13  6  7  470K                        .MODEL JK30A NJF(beta=1m vto=-2)
D1   9  8  DS1588                      .TRAN 0.025ms 2s 0 0.025ms uic
D2   7  9  DS1588                      .PROBE V(6) V(11)
D3   0  7  DS1588                      .END
```

清单 5.8 状态变数型正弦波振荡器(图 5.42)的电路文件

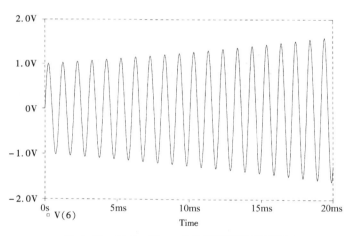

□ V(6)

图 5.48 在 0～20ms 内的正弦波输出波形
（振幅按指数函数朝目标值增长）

（±13.6V)的限制,波形的头部如图 5.49 所示成为失真的波形。
但是,由于振幅稳定化机理正常起作用,所以经过 1s 后,振幅很快
地趋向目标值,在 1.4s 后,完全地达到目标值。图 5.50 是达到目
标值后的输出波形。

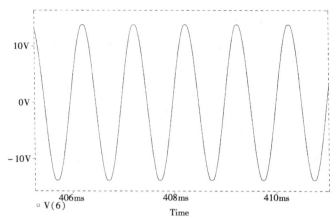

图 5.49　按通电源后约经过 400ms 的输出
波形（削掉了正弦波的波峰）

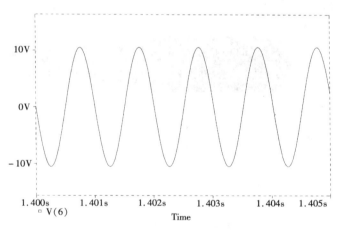

图 5.50　按通电源后约经过 1.4 秒的波形
（趋于目标值）

tan δ

正弦波电压加到理想的电容上时，电容的电流相位比电压相位超前 90°。然而，由于实际的电容有损耗，等效地存在着与电容相串联的寄生电阻。所以如图 5.A 所示，电压与电流的相位差比 90°稍减少一些。

称减少部分的相位为损耗角（用 δ 表示），损耗角的正切称为"介质损耗角正切"或者"tanδ"。

　　tanδ 的值因电容种类的不同而有很大差别。表 5.A 示出各种类型电容的 tanδ 的大概值。显然,tanδ 越小,越是质量好的电容。

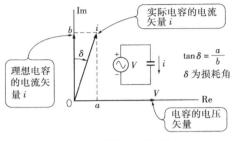

图 5.A　介质损耗角正切的定义

表 5.A　各种电容的 tan δ 估算值

种　　类	tan δ
铝电解电容	0.08～0.25
铝固体电容	0.08～0.15
钽固体电容	0.04～0.08
陶瓷电容	0.01～0.05
聚酯树脂电容	0.005～0.01
聚碳酸酯电容	0.003～0.008
聚丙烯电容	0.001～0.002
苯乙烯电容	0.0002～0.0005

　　(3) R_{11} 的值不适当时

　　在清单 5.8 的电路文件中,将 R_{11} 变更为 30kΩ 后的模拟结果表示在图 5.51 中。

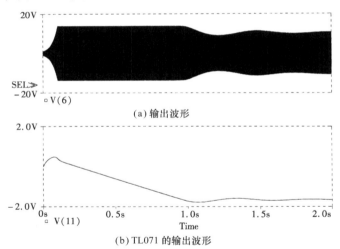

(a) 输出波形

(b) TL071 的输出波形

图 5.51　R_{11}＝30kΩ 时的输出波形
(振幅的收束情况 是振荡的)

　　从接通电源到 1 秒之间的变化情况与图 5.47 相比没有什么改变,但是 1 秒之后的振幅变化比起图 5.47 来有很明显的振动。

　　7. 印制电路板

　　该振荡器的印制电路板图形表示在图 5.52 中。

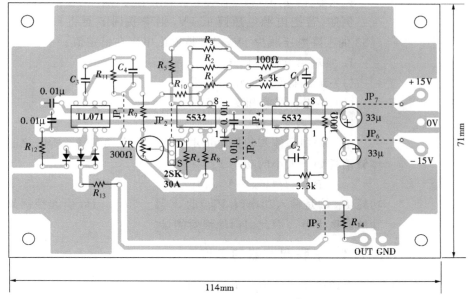

图 5.52 状态变数型正弦波振荡器的元器件配置和印制线路图（铜箔面）

5.7 串联调节器

5.7.1 串联调节器的概念

在电源电压与负载之间插入如图 5.53 所示的下降电压用的控制器件,利用调节下降电压来使输出电压稳定化的电路,在与负载相串联地加入控制器的意义上,可以称该电路为"串联调节器"(series regulator)。

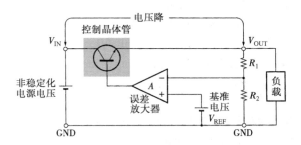

图 5.53 串联调节器的构成

控制器件,使用双极型晶体管的共集电极电路(射极跟随器)等。

例如,若把电源电压降低 1V,则串联调节器将自动地将图 5.53 的下降电压减少 1V,以维持输出电压在恒定值。

1. 串联调节器的优点

(1) 调节器产生的噪声很小;

(2) 不需要线圈和变压器。

2. 串联调节器的缺点

由于控制晶体管的集电极电流等于负载电流 I_L,所以控制晶体管消耗如下大小的功率 P_D:

$$P_D = I_L(V_{IN} - V_{OUT}) \tag{5.39}$$

功耗 P_D 约是输入功率($I_L V_{IN}$)的 $20\% \sim 50\%$。P_D 引起控制晶体管的温度上升。因此白白地浪费能量。

5.7.2 串联调节器的工作

下面稍稍具体地分析一下图 5.53 所示电路的工作机制。输出电压 V_{OVT} 用两个电阻分压后加到误差放大器的反向输入端,并与非反向输入端的基准电压 V_{REF} 进行比较(减法)。因此,误差放大器的差动输入电压 V_{DIF} 为:

$$V_{DIF} = V_{REF} - \left(\frac{R_2}{R_1 + R_2}\right)V_{OUT} \tag{5.40}$$

控制晶体管是射极跟随器,它的基极端用误差放大器的输出电压来驱动。控制晶体管的发射极电位即调节器的输出电压 V_{OUT} 遵守如下式子:

$$V_{OUT} = AV_{DIF} - V_{BE} \tag{5.41}$$

式中,V_{BE} 为控制晶体管的基极-发射极间电压,A 为误差放大器的开环增益。

由式(5.40)与式(5.41)可得:

$$V_{OUT} = \left(\frac{A}{1 + A\beta}\right)V_{REF} - \frac{V_{BE}}{1 + A\beta} \tag{5.42}$$

式中 β 是反馈率,它由下式给出:

$$\beta = \frac{R_2}{R_1 + R_2} \tag{5.43}$$

$A\beta$ 代表环路增益,而$(1 + A\beta)$代表着反馈量。在$|A\beta|$比 1 大得多时,式(5.42)能进行如下的近似:

$$V_{OUT} \approx \frac{V_{REF}}{\beta} = \left(\frac{R_1 + R_2}{R_2}\right)V_{REF} \tag{5.44}$$

由式(5.42)可知,调节器就是反馈电路本身。即以负反馈的功效使输出电压的变动减少到 $1/(1+A\beta)$。但是,由于输出电压如式(5.44)所示,与基准电压成正比,所以有必要对基准电压倍加注意。

5.8 5 管串联调节器

5.8.1 构 成

图 5.54 所示是由满足表 5.1 规格的 5 个晶体管组成的串联调节器。各个晶体管的作用分别如下:

Q_1——稳流电路,

Q_2——误差放大器,

Q_3——电流限制电路,

Q_4、Q_5——达林顿射极跟随器输出级。

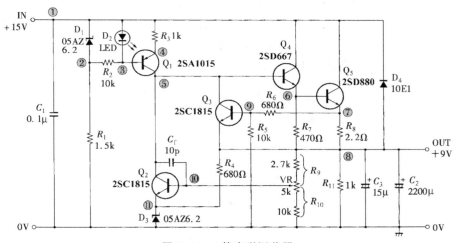

图 5.54 5 管串联调节器

表 5.1 图 5.54 的串联调节器的规格

项 目	符 号	特 性	条 件
输入电压范围	V_I	$+13\sim+16V$	
输出电压	V_O	$+9V$	$I_O=0\sim0.6A$
最大输出电流	I_{Omax}	0.6A 以下	$V_O=9V$
输出阻抗	Z_O	20mΩ 以下	$f=0\sim10kHz$
输出噪声电压	V_{NO}	$20\mu V_{RMS}$ 以下	$f=40\sim100kHz$
纹波抑制比	RR	60dB 以上	$I_O=0.3A$
过电流保护电路特性		"フ"字型	

5.8.2 基准电压

误差放大器是 $Q_2(2SC1815)$ 的共射极电路。因此,在发射极连接的齐纳二极管 D_3 的齐纳电压与 Q_2 的 V_{BE} 之和成为基准电压 V_{REF}。即

$$V_{REF} = V_{ZD3} + V_{BE2} \tag{5.45}$$

1. 齐纳二极管的选择

作为基准电压使用齐纳二极管时,必须考虑如下几点:

· 齐纳电压的温度系数

· 齐纳二极管的工作电阻

· 齐纳二极管的噪声电压

(1)齐纳二极管的温度系数。

由于式(5.45)右边第 2 项的 V_{BE2} 的温度系数约为 $-2mV/℃$,所以如果选择齐纳电压的温度系数为 $+2mV/℃$ 的齐纳二极管,则基准电压的温度系数几乎为 0。通常,齐纳电压的温度系数与齐纳电压有关,两者之间有图 5.55 所示的关系。由图 5.55 可知,为了做到温度系数为 $+2mV/℃$,使用 $V_Z = 7V$ 的齐纳二级管就可以。

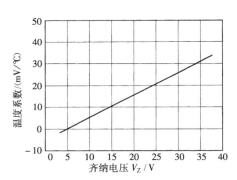

图 5.55 温度系数与齐纳电压的关系
[HZ3~HZ36,(株)日立制作所]

(2)齐纳二极管的工作电阻 r_d。

在图 5.56(a)中。考虑工作点 Q 移动到附近的 Q' 时,r_d 就是其电压变化量用电流变化量来除的结果。即工作电阻 r_d 可由下式给出:

$$r_d = \frac{V_Z(Q) - V_Z(Q')}{I_Z(Q) - I_Z(Q')} \tag{5.46}$$

齐纳二极管的工作电阻如图 5.56(b)所示,在 $V_Z = 6 \sim 7V$ 处最小。

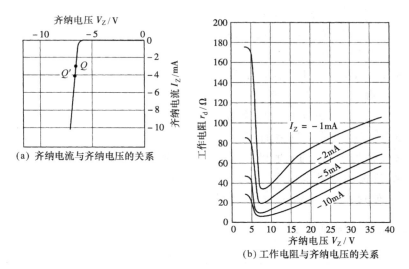

(a) 齐纳电流与齐纳电压的关系

(b) 工作电阻与齐纳电压的关系

图 5.56 齐纳二极管的特性

(3) 齐纳二极管的噪声电压。

与晶体管和电阻相比,齐纳二极管发生的噪声电压较大。噪声电压与齐纳电压有关,齐纳电压越高,噪声电压也有越高的倾向。

基于上述三点的考量,D_3 应使用 $V_Z = 6.2V$ 的齐纳二极管。

5.8.3 Q_2 的直流集电极电流

反馈的结果,Q_2 的集电极电流 I_{C2} 几乎等于稳流电路 Q_1 的 I_{C1}。若将稳流电路的 I_{C1} 设定得大些。则能够提供给负载的电流(最大输出电流)也增大,由于 Q_2 的直流集电极电流也增大,必然地 Q_2 的直流基极电流也增大。

在原理电路(图 5.53)中,因为假定误差放大器为理想放大器,所以误差放大器的输入偏置电流为 0。但是在图 5.54 所示电路中,Q_2 的直流基极电流 I_{B2} 是流到 R_9,所以必须对式(5.44)进行如下修正:

$$V_{OUT} \approx \left(\frac{R_9 + R_{10}}{R_{10}} \right) V_{REF} + R_9 I_{B2} \qquad (5.47)$$

问题是由于 h_{FE} 与温度有关,所以 I_{B2} 随温度而变化,从而引起

了输出电压的变动。为了抑制这个变动,可采取下述对策:

(1) 降低 R_9 的值;

(2) 降低 Q_2 的 I_C 值;

(3) Q_2 使用 h_{FE} 大的晶体管。

结论是 Q_2 使用 2SC1815 的 GR 挡或者 BL 挡(参考第 1 章的表 1.1),将集电极电流设定为 1mA。

●图 5.54 中 R_4 的作用

由于 Q_2 的集电极电流为 1mA,如果没有 R_4,则齐纳二极管 D_2 的齐纳电流也只为 1mA,如图 5.56(b)所示,工作电阻变高,局部反馈加到 Q_2 的发射极。其结果 Q_2 的增益下降,环路增益也下降,反馈的效果也减半。因此,为了降低 D_3 的工作电阻,追加了 R_4,使得在 D_3 上流过约 5mA 的电流。

5.8.4 稳流电路

由发光二极管 D_2 与 Q_1 以及 R_3 组成的稳流电路是 Q_2 的负载(通常称为有源负载)。

假定发光二极管 LED(Light Emitting Diode)的正向电压为 1.6V,稳流源的值,即 Q_1 的集电极电流 I_{C1} 服从下式:

$$I_{C1} = \left(\frac{h_{FE}}{1+h_{FE}}\right)\left(\frac{V_{D2}-V_{EB1}}{R_3}\right)$$

$$\approx \frac{1.6-0.6}{10^3} = 1(\text{mA}) \tag{5.48}$$

然而,由于 LED 品种的不同,其正向电压分散在 $1.6\sim2.0\text{V}$ 的范围,因此 I_{C1} 分散在 $1\sim1.4\text{mA}$ 的范围。所以要进行正确的设计。

LED 的正向电压的温度系数与硅二极管的正向电压和晶体管的基极-发射极间电压一样约为 $-2\text{mV}/℃$。因此,式(5.48)中的 V_{D2} 与 V_{EB1} 的温度系数被抵消,构成了不受温度影响的稳流电路。

通常,调节器的输入电压由整流电路提供,所以含有波纹成分。当该波纹混入到作为稳流电路的基准电压的 LED 中时,则会降低波纹抑制比。

所谓波纹抑制比(RR;Ripple rejection Ratio)是调节器的输入电压的波纹电压 V_{rIN} 用调节器的输出电压的波纹电压 V_{rOUT} 来除的量。即

$$RR = 20 \lg(V_{rIN}/V_{rOUT}) \tag{5.49}$$

在图 5.54 所示电路中,为了减少 LED 的正向电压中的波纹,插入齐纳二极管 D_1($V_Z = 6.2V$),用 R_2 与 LED 对 D_1 的齐纳电压进行分压。

设调节器的输入电压中的波纹电压为 V_{r1},齐纳二极管 D_1 两端的残留波纹电压为 V_{r2},则残留波纹电压如下式那样减少:

$$\frac{V_{r2}}{V_{r1}} = \frac{R_{d1}}{R_1 + r_{d1}} \approx \frac{10}{1500} = \frac{1}{150} \tag{5.50}$$

式中,r_{d1} 为齐纳二极管 D_1 的工作电阻。

因此,根据 R_2 与 LED 的工作电阻的不同,LED 的正向电压中的波纹电压 V_{r3},如下式那样减少:

$$\frac{V_{r3}}{V_{r2}} = \frac{r_{d2}}{R_2 + r_{d2}} \approx \frac{50}{10000} = \frac{1}{200} \tag{5.51}$$

式中,r_{d2} 为发光二极管 D_2 的工作电阻。

二极管的正向偏置时的工作电阻 r_d,不管是整流用还是开关用硅二极管,或者是发光二极管、齐纳二极管,都由下式给出,它可由第 1 章的式(1.1)导出。

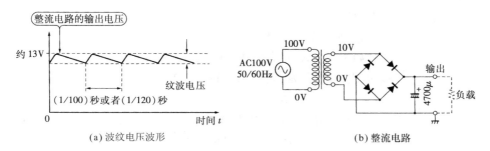

(a) 波纹电压波形　　　　　　(b) 整流电路

图 5.57　整流电路例子和波纹电压波形

$$r_d = \frac{1}{\left(\dfrac{q}{kT}\right)I_F} \approx \frac{1}{40 I_F} \tag{5.52}$$

式中,q 为电子电荷(1.602×10^{-19});k 为玻尔兹曼常量(1.3805×10^{-23}J/K);T 为绝对温度(以 K 为单位);I_F 为二极管的正向电流(单位为 A)。

由式(5.50)与式(5.51)可知,LED 的正向电压中的残留波纹电压处于非常低的水平。

5.8.5 达林顿连接

在没有过电流保护的情况下,能供给负载的最大输出电流 I_{Omax} 是 $I_{Cl}(=1mA)$ 与输出级(Q_4,Q_5)的电流放大率之乘积。因输出级的 Q_5(2SD880)的 h_{FE} 为 $60\sim300$,当省去 Q_4 时,就不能得到设计的输出电流(0.6A)。因此,将 Q_4 与 Q_5 进行达林顿连接,输出级的电流放大率可提高到几千至几万。

5.8.6 过电流保护电路

因输出级的电流放大率非常大,如不用一些方法限制输出电流,则在负载短路时就会有很大的输出电流流动,Q_5 的功耗(集电极损耗)超过允许的集电极损耗,Q_5 则被损坏。

虽然有各种各样的限制输出电流的电路,但对于串联调节器,通常使用下述两种电路中的一种:

(1)垂下型电流限制电路(图 5.58(a))。与输出电压无关,限制输出电流在恒定值。

(2)"フ"型电流限制电路(图 5.58(b))。在输出下降时,限制电流的值变小。

1. 垂下型电流限制电路

如图 5.58(a)所示的电路,这是由 Q_3 与输出电流检出电阻 R_8 构成。Q_3 的发射极-基极间电压 V_{BE3} 为:

$$V_{BE3} = R_8 I_O \tag{5.53}$$

当输出电流 I_O 增加使 V_{BE3} 达到 0.6V 时,Q_3 的集电极电流几乎完全吸收稳流源 I_S 的电流,所以制止了 Q_4 基极电流的增加,而调节器的输出电流不再增加。即下式成立:

$$R_8 I_{Omax} = 0.6 \tag{5.54}$$

因此最大输出电流 I_{Omax} 为:

$$I_{Omax} = \frac{0.6}{R_8} \tag{5.55}$$

垂下型电路的缺点是在负载短路时 Q_5 的消耗功率 P_D 太大。由于负载短路时的输出电压为 0,P_D 可由下式给出:

$$P_D = (V_{IN} - 0.6)I_{Omax} \tag{5.56}$$

上式中的数值 0.6 是电流检出电阻 R_8 的电压降。

2."フ"型电流限制电路

如图 5.58(b)所示,"フ"型电流限制电路是在垂下型上加了

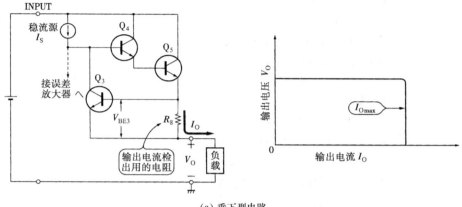

(a) 垂下型电路

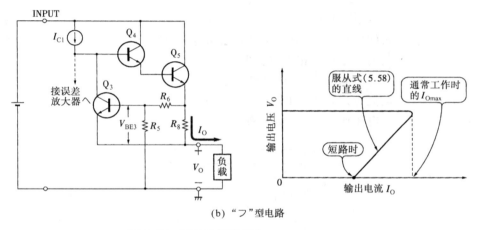

(b) "フ"型电路

图 5.58　过电流保护电路

R_5 与 R_6 之后的电路。图 5.54 所示电路中就使用了这种电路。Q_3 的基极-发射极间电压 V_{BE3} 为：

$$V_{BE3} = R_8 I_O - \left(\frac{R_6}{R_5 + R_6} \right) (V_O + R_8 I_O) \tag{5.57}$$

与垂下型一样。当输出电流增加使 V_{BE3} 达到 0.6V，则输出电流不再增加。

在式(5.57)中将 I_O 换成 I_{Omax}，且 V_{BE3} 用 0.6V 代入，并对 I_{Omax} 求解，则能求得最大输出电流 I_{Omax} 如下：

$$I_{Omax} = \left(\frac{1}{R_8} \right) \left[0.6 \left(1 + \frac{R_6}{R_5} \right) + \left(\frac{R_6}{R_5} \right) V_O \right] \tag{5.58}$$

如将输出电流 I_{Omax} 与输出电压 V_O 的关系用图来表示，则如

图 5.58(b)所示,I_{Omax} 为具有正斜率的直线。

再强调一下,式(5.58)是 V_{BE3} 达到 0.6V 后的输出电流与输出电压的关系。包括 V_{BE3} 在 0.6V 以下通常工作时的输出电流与输出电压的关系则是图 5.58(b)所示的"フ"型关系。

图 5.54 所示电路的电流限制电路是"フ"型,其 I_{Omax}(设计值)如下:

(1) 通常工作时($V_{\mathrm{O}}=9$V)的最大输出电流:将 $R_5=10\mathrm{k}\Omega$、$R_6=680\Omega$、$R_8=2.2\Omega$、$V_{\mathrm{O}}=9$V 代入式(5.58),则有:

$$I_{\mathrm{Omax}}=0.569(\mathrm{A}) \tag{5.59}$$

(2) 负载短路时的输出电流:负载短路时,将 $V_{\mathrm{O}}=0$ 代入式(5.58),则有:

$$I_{\mathrm{Omax}}=0.291(\mathrm{A}) \tag{5.60}$$

负载短路时,与通常工作时相比,控制晶体管的集电极-发射极间电压增加,但由于最大输出电流下降,所以消耗功率可以做到与通常工作时相等或者更小。

实测的输出电压-输出电流特性表示在图 5.59 中。最大输出电流比计算值高 6% 的原因是 $I_{\mathrm{C}}=1\mathrm{mA}$ 时的 Q_3 的基极-发射极间电压比 0.6V 稍大的缘故。

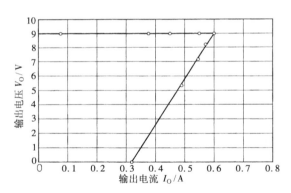

图 5.59 串联调节器(图 5.54)的输出
电压-输出电流实测特性

5.8.7 散热器与热阻

1. 散热器

假定调节器的输入电压为 16V,Q_5 的最大功耗(集电极损耗)P_{D} 在过电流保护电路工作后约为 5W。该功耗(即发热)不能很好的逸出，则 Q_5 被损坏，所以要安装适当的散热器(热沉)。

2. 热　阻

热量逸出，即散热是将热量转移到其他地方。显然，热量是从温度高的地方向低的地方移动。换言之，热的移动必须要有温度差。如果散热状态好，能以少的温度差使热量逸出，就能够抑制发热部位的温度上升。

现在的情况是，发热部位是控制晶体管(Q_5)的 PN 结，所以如何将其温度抑制得很低就是一个问题。

把移动 1W 的热量所必须的温度差称为"热阻。"为了计算结温，要使用"热阻"这一概念。例如，考虑物体 A，这是一种由加热器的接触面加入热量，通过与物体 B 的接触面进行放热的结构(图 5.60)。由加热器恒定地入射 1W 的热量后，如在物体 A 的入射面与放射面产生恒定的 10℃温度差，则从物体 A 的入射面到放射面的热阻是 10℃/W。

通常，热阻的数值与材质的热导率、物体的形状、物体的表面状态有关。

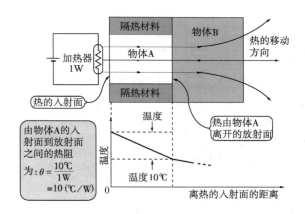

图 5.60　热阻的概念

(1) 晶体管内部热阻。

如图 5.61 所示，PN 结所发生的热通过芯片与晶体管内部的铜热沉，由晶体管的管壳表面逸出，进入外部散热器，再由散热器的表面散发到空气中。

把从晶体管的 PN 结到晶体管管壳表面的热阻称为内部热阻 θ_{jc}。内部热阻可以从在第 1 章叙述过的晶体管允许集电极损耗与周围温度特性的关系计算得到。当 Q_5 使用 2SD880，则其允许集

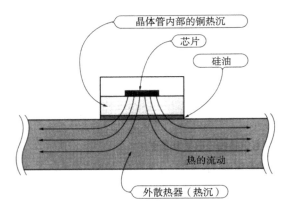

图 5.61　在晶体管产生的热的流动

电极损耗 P_C 为 30W,允许结温为 150℃(图 5.62),所以内部热阻 θ_{jc} 为

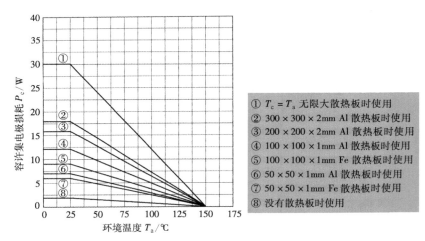

① $T_c = T_a$ 无限大散热板时使用
② $300 \times 300 \times 2mm$ Al 散热板时使用
③ $200 \times 200 \times 2mm$ Al 散热板时使用
④ $100 \times 100 \times 1mm$ Al 散热板时使用
⑤ $100 \times 100 \times 1mm$ Fe 散热板时使用
⑥ $50 \times 50 \times 1mm$ Al 散热板时使用
⑦ $50 \times 50 \times 1mm$ Fe 散热板时使用
⑧ 没有散热板时使用

图 5.62　2SD880 的容许集电极损耗与周围温度的关系特性
〔引用自(株)东芝、半導体ドキュメント・サイト,
http://doc.semicon.toshiba.co.jp〕

$$\theta_{jc} = \frac{150 - 25}{30} \approx 4.17(℃/W) \tag{5.61}$$

（2）硅油的热阻。

如果晶体管管壳与外部散热器的接触面存在凸凹,热的流通则不顺畅,所以在晶体管管壳与散热器的接触面上涂上硅油。硅油也有热阻,将它表示为 θ_1。在这里,估计 $\theta_1 = 1℃/W$。

（3）散热器的热阻。

与晶体管管壳接触部分的散热器温度 T_1 与放置散热器的环境温度 T_a 的温度差 $(T_1 - T_a)$ 除以单位时间入射到散热器的热量（几乎与晶体管的发热量即集电极损耗相等）就是散热器的热阻。用 θ_2 来表示。在此，使用 $\theta_2 = 12℃/W$ 的散热器。

（4）总热阻。

为了保护 2SD880 不被热击穿，其结温 T_j 控制在绝对最大额定温度（150℃）以下。结温 T_j 是由晶体管的功耗 P_D 与上述三种热阻以及环境温度 T_a 所决定的。

进行具体计算。假定环境温度为 40℃，在最坏场合，即发热 5W 的场合，结温 T_j 为：

$$T_j = T_a + P_D(\theta_{jc} + \theta_1 + \theta_2) \tag{5.62}$$
$$= 40 + 5 \times (4.17 + 1 + 12)$$
$$\approx 126(℃)$$

即使是最坏的场合也在额定值内。

图 5.63 是将热的移动等效转换成电荷的移动（即电流）。然后对式（5.62）进行模拟后的图。热的各种单位也能转换为下述电的单位：

- 热阻（℃/W）→电阻（Ω）
- 发热（W）→电流源（A）
- 温度（℃）→电压（V）

5.8.8　防止振荡的对策

由于串联调节器是反馈电路的一种，如果设计不恰当就会电路不稳定，产生振荡。下面使用传统的"频率响应法"对稳定性进行讨论。

1. 频率响应法

当将正弦波电压输入到放大器时，在放大器的输出上也出现正弦波电压。此时，放大器的"增益"和"相位"如何随频率进行变化；对这个变化进行分析的解析法称为"频率响应法"。

对增益和相位这两个名词人们已习以为常，但在这里将对放大器的增益和相位进行严格的定义。

（1）放大器的增益

在图 5.64 中，令输入正弦波电压的振幅为 V_1，输出正弦波电压的振幅为 V_2，称 $|V_2/V_1|$ 为增益 G，即

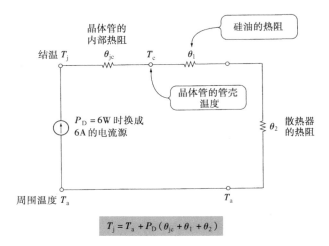

$$T_j = T_a + P_D (\theta_{jc} + \theta_1 + \theta_2)$$

图 5.63 将热换成电的等效电路

$$放大器的增益\ G = \left| \frac{V_2}{V_1} \right| \tag{5.63}$$

（2）放大器的相位。

在图 5.64 中，令输入正弦波电压的相位为 θ_1，输出正弦波的相位为 θ_2，则放大器的相位 φ 由下式来定义：

$$放大器的相位\ \phi = \theta_2 - \theta_1 \tag{5.64}$$

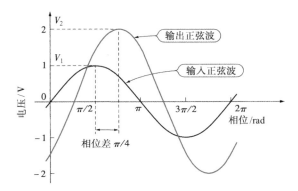

图 5.64 正弦波输入到放大器时的响应例子

（3）复数增益 G。

上述定义的放大器的"增益"以及"相位"可以解释成是"其绝对值表示增益，其偏角表示相位的复数"。因此，该复数也往往称为"增益"。为了避免混乱,在此暂时称用复数表示的增益为复数增益。

似乎有一些难于理解,所以举些具体的例子。对于 1kHz,有由式(5.63)定义的增益为 2 倍,由式(5.64)定义的相位为 −45° 的放大器。此时,下式所示的复数 G 就是该放大器在 1kHz 时的复数增益:

$$G = |G|(\cos\theta + \mathrm{j}\sin\theta) \tag{5.65}$$

式中,$|G| = 2$ 是增益;$\theta = -\dfrac{\pi}{4}$(rad)是相位;j 为虚数单位。

因此,如图 5.65 所示,复数增益 G 可以用在复数平面上的矢量表示。

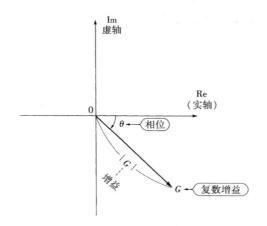

图 5.65　复数增益的矢量表示

通常,放大器的增益 $|G|$ 和相位 θ 都随频率而变化,所以复数增益也随频率而变化。

用频率响应法进行处理的频率,在原则上使用角频率 ω,角频率 ω 与频率 f 之间下述关系成立:

$$\omega = 2\pi f \tag{5.66}$$

式中,频率 f 的单位是 Hz,角频率的单位是 rad/s。因此,复数增益是角频率 ω 的函数。通常将复数增益表示成 $G(\mathrm{j}\omega)$。

另一方面,代表振幅比的增益,也就是由式(5.63)定义的增益,用 $|G(\mathrm{j}\omega)|$,或者 $|G(\omega)|$ 或者 $|G|$ 表示。总之,用有无绝对值符号来区别复数增益与式(5.63)表示的增益。

2. 奈奎斯特稳定判断法

前面叙述的:"环路增益"实际上也是复数。当在复数平面上用矢量表示该环路增益时,随着角频率的变化,矢量的大小与方向发生变化。因此,矢量坐标随角频率 ω 在复数平面上移动。在使 ω 从 0 到无限大变化时,称该矢量坐标所描写的轨迹为"环路增益的矢量轨迹"描述其整个变化过程的图(图 5.66)称为"奈奎斯特图"(Nyquist diagram)。所谓"奈奎斯特的稳定判断法"是从奈奎斯特图的矢量轨迹的形态来判断负反馈电路的稳定性的方法。

奈奎斯特稳定判断法:如果环路增益的矢量轨迹包围着点 $(-1,0)$ 则是不稳定,如果不包围则是稳定的。

例如,由于图 5.66(a)所示的奈奎斯特图的矢量轨迹包围着点 $(-1,0)$,所以不稳定而发生振荡。相反,图 5.66(b)所示的奈奎斯特图的矢量轨迹未包围点 $(-1,0)$,所以是稳定的。

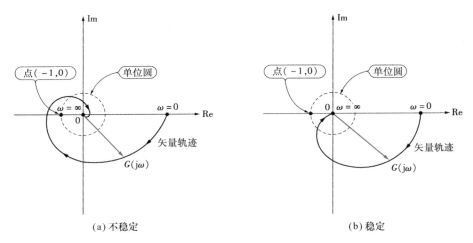

(a) 不稳定　　　　　　　　　　　　　　(b) 稳定

图 5.66　环路增益的奈奎斯特图

3. 伯德图(Bode diagram)

根据奈奎斯特图来判断稳定性很方便,但由于 $G(j\omega)$ 的大小(绝对值)随角频率 ω 的变化而大幅度地变化,所以难于进行正确的作图。

伯德图是将复数增益 $G(j\omega)$ 分解为增益 $|G(\omega)|$ 与相位 $\theta(\omega)$,进而将增益与角频率(或者频率)作成对数刻度,这样就容易作图。例如,将图 5.66(a)所示的奈奎斯特图变成图 5.67(a)所示的伯德图,将图 5.66(b)所示的奈奎斯特图变成图 5.67(b)所示的伯德图。

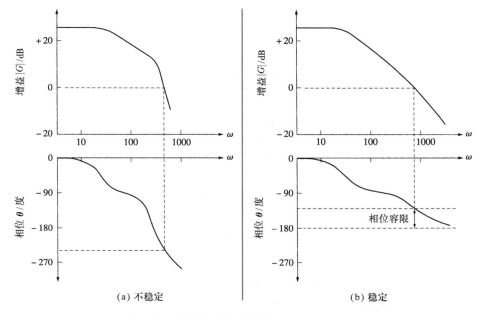

图 5.67　环路增益的伯德图

　　由于伯德图在本质上与奈奎斯特图是相同的,所以使用伯德图能够判断负反馈电路的稳定性,即

　　使用伯德图的稳定性判断法:在环路增益为 0dB 的频率上,如果相位超过－180°则电路不稳定,如相位未达到－180°则电路是稳定的。

　　对图 5.67 的图(a)与图(b)进行分析比较可知,图(a)中,在增益$|G|$为 0dB(即 1 倍)的角频率下,相位超过－180°,所以是不稳定的。相反,图(b)是在$|G|$为 0dB 的角频率下的相位没有达到－180°,所以是稳定的。

　　4. 稳定性的程度

　　根据奈奎斯特的稳定性判断法,环路增益的矢量轨迹如果包围(－1,0)点则是稳定的。但在矢量轨迹通过(－1,0)点的附近时,就要注意。这是因为由于温度变化和经时变化引起环路增益$|G|$增加,从而会导致矢量轨迹会如图 5.68 所示那样包围点(－1,0)的缘故。

　　因此,为了使负反馈电路不受温度变化和经时变化的影响而都是稳定的,必须是环路增益的矢量轨迹不包围点(－1,0),并且矢量轨迹在远离点(－1,0)的位置与单位圆相交。

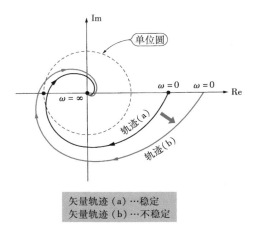

矢量轨迹（a）…稳定
矢量轨迹（b）…不稳定

图 5.68 当环路增益$|G(j\omega)|$增加，
则成为不稳定的例子

对于伯德图来说，下面定义的"相位容限"与"增益容限"就是
"必须保证足够的容限"。

（1）相位容限（phase margin）。

在环路增益$|G|$为 0 的频率（通常称为增益交点频率）下，把
相位θ加上 180°后的相位称为"相位容限"（ϕ_M），即：

$$\phi_M = \theta - (-180) = \theta + 180 \tag{5.67}$$

如图 5.67(b)及图 5.69 所示，相位容限只是表示增益交点频
率的相位比－180°大多少的量。显然，相位容限越大电路就越稳
定。相位容限至少也必须要在 45°～60°左右。

（2）增益容限。

在环路增益的相位为－180°的频率（通常称为相位交点频率）
时的增益$|G|$与 0dB 之差称为"增益容限"（图 5.69）。增益容限至
少也必须有 6dB，如果说希望的话，则希望确保增益容限在 10dB
以上。

5. 串联调节器的环路增益

准备工作已经完备，现在对图 5.54 所示电路的环路增益的伯
德图进行计算。

首先在说明环路增益概念的图 5.44 中，将环路的一个地方
切断。但是大部分情况下若切断环路则会使工作点变得不稳
定，所以实际上是在不切断环路的情况下进行环路增益的测量。

具体的测量方法示于图 5.70。在节点 8 切断环路，设置节点

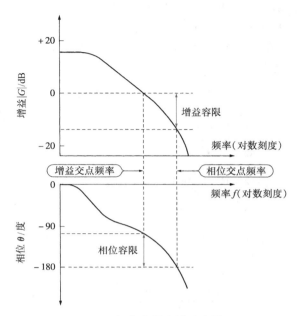

图 5.69　相位容限和增益容限

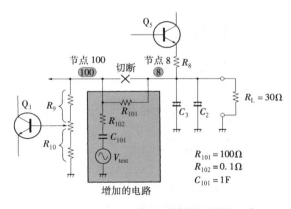

图 5.70　图 5.54 电路的环路增益测量电路

100,在节点 8 与节点 100 之间插入电阻 R_{101},将环路连接起来。
图 5.70 中增加的电路部分的 R_{101} 值必须比 R_9 小得多。且比 R_8
要大得多。而且,R_{102} 的值必须比 R_{101} 小得多。

　　环路增益 $G(j\omega)$ 可由下式给出:

$$G(j\omega) = -\frac{V_8(j\omega)}{V_{100}(j\omega)} \tag{5.68}$$

用清单 5.9 的电路文件进行模拟的环路增益的伯德图表示在图 5.71 中。增益交点频率（环路增益为 0dB 的频率）是 24.5kHz，在该频率下的相位是－75℃。因此，相位容限是 105°，这是一个较大的值。

```
loopgain.cir - Loop Gain of Series Regulator

Vin 1 0 DC 15V
D1 2 1 DZ6_2
D2 1 3 LED
R1 2 0 1.5K
R2 2 3 10K
R3 1 4 1K
Q1 5 3 4    QA1015
Q2 5 10 11 QC1815
Q3 5 9 8    QC1815
Q4 1 5 6    QD667A
Q5 1 6 7    QD880
D3 0 11 DZ6_2
CF 5 10 10P
R5 9 0  10K
R6 7 9  680
R7 6 8  470
R8 7 8  2.2
*********************************
R4 100 11 680     ;node8 -> node100
R9 100 10 4.055k ;node8 -> node100
*********************************
R101 8 100 100
R102 100 101 0.1
C101 101 102 1
Vtest 102 0 AC 1V  ; Test Signal
*********************************
R10 10 0 13.645k
R11 8 0 1K
D4 8 1 D10E1
Req1 8 300 0.025
L1 300 301 0.02uH
C2 301 0 2200U
C3 8 302 15U
Req2 302 303 0.5
L2 303 0 0.01uH
RL 8 0 30

.MODEL D10E1 D (IS=2.5E-13 CJO=100P RS=0.1)
.model LED D(IS=1E-31)
.op
.ac dec 20 1 10meg
.lib c:¥spice¥lib¥bgl.lib
.probe
.end
```

清单 5.9 为了计算串联调节器的
环路增益的电路文件

6. 电解电容的等效电路

在图 5.71 所示的伯德图具有较大的相位容限的背景下，电解电容存在等效串联电阻。

理想电容的阻抗是与频率成反比例的。实际的电容如图 5.72 所示。存在等效串联电阻和寄生电感，在高频阻抗与频率的关系上显示出电阻和线圈的作用。

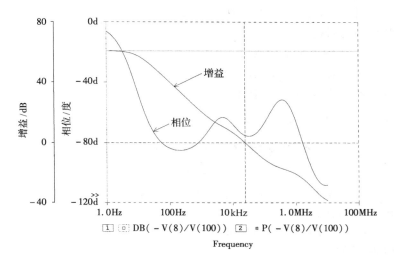

图 5.71　串联调节器的环路增益的伯德图

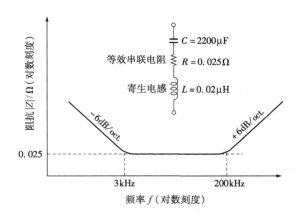

图 5.72　2200μF 电解电容的阻抗与频率的关系

　　尤其是电解电容的损耗很大，与同容量的薄膜电容和陶瓷电容相比，它的等效串联电阻很大。另外，电解电容的电极是由金属箔卷成的，所以形成线圈，与其他电容相比，会产生较大的寄生电感。

　　在清单 5.9 给出的电路文件中，估计 $C_2 = 2200\mu$F 的等效串联电阻为 0.025Ω，寄生电感为 0.02μH。如图 5.72 所示，在 3kHz 左右至 200kHz 左右之间，C_2 的阻抗几乎是一定的。就是说，在这个频率范围内，可以把电解电容看成是电阻。而当频率大于 200kHz 时，则可以看成是线圈。

另外,与 C_2 并联连接的 $C_3 = 15\mu F$ 是钽电容,它抑制 C_2 在高频范围的阻抗增加。

7. 串联调节器的稳定化

这里对图 5.54 所示电路的稳定性进行模拟验证,对于其他的调节器电路,如果忠实遵守下述的三个原则就能防止振荡。

稳定地进行工作的串联调节器的设计三原则

(1) 高频端的误差放大器增益与频率的关系曲线的斜率取作 $-6dB/oct.$。

(2) 在调节器的输出端至 GND 端之间接上大容量(几百 μF～几千 μF)的电解电容。

(3) 进行相位补偿,以使环路增益的增益交点频率处在 $10k$～$50kHz$ 的范围内。

下面说明三原则的理由。首先将式(5.68)给出的环路增益 $G(j\omega)$ 进行下述变形:

$$G(j\omega) = A_1(j\omega)A_2(j\omega)A_3(j\omega) \tag{5.69}$$

式中,

$A_1(j\omega) = -\dfrac{V_5(j\omega)}{V_{100}(j\omega)}$,为误差放大器的复数增益;

$A_2(j\omega) = \dfrac{V_7(j\omega)}{V_5(j\omega)}$,为输出级的复数增益;

$A_3(j\omega) = \dfrac{V_8(j\omega)}{V_7(j\omega)}$,是由 R_8 与 C_2 构成的分压电路的复数增益。

(a)如果误差放大器的增益 $|A_1(j\omega)|$ 按照 $-6dB/oct.$ 下降,则除去特殊情况外 $A_1(j\omega)$ 的相位延迟都停留在 $-90°$ 以内。

(b)由于输出级是射极跟随器,带宽非常宽,所以输出级的相位延迟可忽略。

(c)由于 R_8 与 C_2 构成的分压电路形成 LPF。所以会发生相位延迟,但如图 5.72 所示,在几 k～几 100kHz 的范围内,大容量的电解电容可以看成是电阻,所以在这个频率范围,分压电路的相位延迟几乎为 0。

因此,如果对误差放大器进行相位补偿,使得增益交点频率在

10k～50kHz 的范围内,则处于增益交点频率下的环路增益的相位延迟几乎可以仅由误差放大器的相位延迟决定,可以得到非常大的相位容限。

5.8.9　模　拟

对图 5.73 所示电路进行模拟,该电路是在图 5.54 所示调节器上加了整流电路。根据清单 5.10 给出的电路文件进行模拟的,在电源接通时的模拟经过情况示于图 5.74 中。

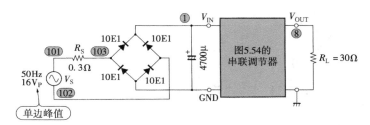

图 5.73　图 5.54 串联调节器上加了整流电路的稳定化电源

```
Ser_reg.cir                          R4  8  11    680
*************************             R5  9  0     10K
*   Rectifier parts                  R6  7  9     680
Vs  101 102 sin(0 16 50Hz)           R7  6  8     470
Rs  101 103 0.3                      R8  7  8     2.2
D11 103 1   D10E1                    R9  8  10    4.055k
D12 102 1   D10E1                    R10 10 0     13.645k
D13 0   103 D10E1                    R11 8  0     1K
D14 0   102 D10E1                    D4  8  1     D10E1
C100 1  0   4700u                    Req1 8 300   0.025
*************************             L1  300 301  0.02uH
*  Series Regulator parts            C2  301 0    2200u
D1  2 1   DZ6_2                       C3  8  302   15u
D2  1 3   LED                         Req2 302 303 0.5
R1  2 0   1.5K                        L2  303 0    0.01uH
R2  2 3   10K                         RL  8  0  30    ; Load
R3  1 4   1K
Q1  5 3 4   QA1015                    .model D10E1 D (IS=2.5E-13 CJO=100P RS=0.1)
Q2  5 10 11 QC1815                    .model LED D(IS=1E-31)
Q3  5 9 8   QC1815                    .tran 0.1ms 200ms 0 0.1ms
Q4  1 5 6   QD667A                    .op
Q5  1 6 7   QD880                     .lib c:¥spice¥lib¥bg1.lib
D3  0 11    DZ6_2                     .probe V(1) V(7) V(8) V(9)
CF  5 10  10P                         .end
```

清单 5.10　加了整流电路的串联调节器(图 5.73)的电路文件

串联调节器的输入电压节点 $V(1)$ 的波纹电压为 $516 \text{mV}_{\text{PP}}$,输出电压节点 $V(8)$ 的波纹电压为 $23.8 \mu \text{V}_{\text{PP}}$(图 5.75),波纹抑制比约为 87dB。

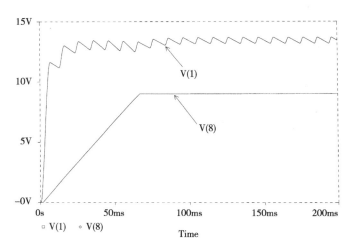

图 5.74　接通电源时的输入输出电压波形模拟

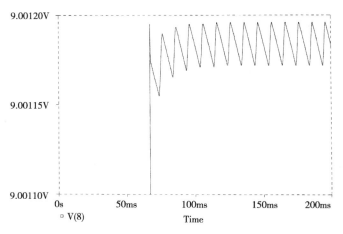

图 5.75　5 管串联调节器的输出输入电压
（节点 V(8) 的放大波形）

5.8.10　印制电路板

图 5.54 所示串联调节器的电路板图形和外观分别表示在图 5.76 和照片 5.9 中。散热器（外形尺寸 30mm×30mm×30mm）也放在电路板上。在散热器的散热片下部的电路板上开有 5 个 φ3.5 的抽气孔。

R_8 使用 2W 型的金属氧化膜电阻。在像 R_8 那样流过大电流

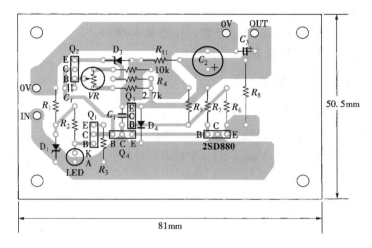

图 5.76 5 管串联调节器(图 5.54)的电路板元件
配置和印制线路图(铜箔面)

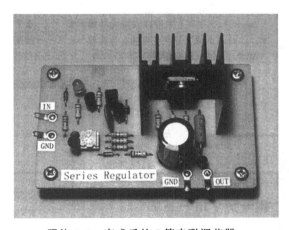

照片 5.9 完成后的 5 管串联调节器

的部分不能使用碳膜电阻。这是由于担心碳膜电阻会因过电流而
引发火灾。所以为了通风良好,将 R_8 离开电路板 5mm 进行悬空
安装,另外,在 R_8 的下方也开有抽气孔。

若将电解电容 C_2 的极性接反,就有发生爆炸的危险。另外,
钽电容 C_3 的极性错误也有着火冒烟的危险。

如果由于某些错误(例如,在测量电压时,测试棒滑下)使串联
调节器的输入端(图 5.54 中的节点 1)与地发生短路,或者由于不
可预料的原因,在输入电压比输出电压低时,在 Q_5 的发射极-基

极间以及发射极-集电极间会流过反向电流。图 5.54 的 D_4 则是防止产生该反向电流的二极管。在通常动作时，D_4 是非导通的。对 D_4 一定要进行检查。

5.8.11 实测特性

串联调节器（图 5.54）的输出阻抗与频率的关系表示在图 5.77 中。在调节器的输入电压，为 DC15V，输出电流为 0.3A 时，输出噪声电压是 $8\mu V_{RMS}$（40Hz～100kHz）。

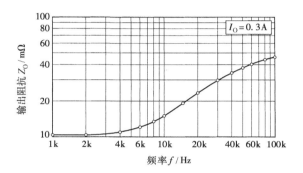

图 5.77 5 管串联调节器的输出阻抗与
频率的关系（实测）

---

h_{FE} 与 h_{fe}

h_{FE} 是晶体管的直流电流放大率。它是直流集电极电流 I_C 用直流基极电流 I_B 来除的值。即

$$h_{FE} = \frac{I_C}{I_B}$$

相反，h_{fe} 是晶体管的小信号电流放大率。在工作点，使基极电流的大小发生微小变化，则与其变化量 ΔI_B 相对应。集电极电流发生变化。其变化量 ΔI_C 与 ΔI_B 的比值称为小信号电流放大率，记作 h_{fe}。即

$$h_{fe} = \frac{\Delta I_C}{\Delta I_B}$$

伯德？波特？

在以前的教科书中一般翻译成"伯德图"，最近的教科书中则翻译成"波特图"。关于提出 Bode diagram（伯德图）的 Hendrik Bode 的发音问题，在欧美也有各种说法。我认为最可信的说法表示如下。

"Hendrik Bode 是在伊利诺依州的阿巴拿（Urbana）长大的。因此他的名字发音为 boh dee。但是语言严谨的人们主张发音为荷兰语原来的 boh dah。没有人发音为 bohd。Bode 博士的研究生涯都是在贝尔研究所渡过的，直至第二次退休，是执教于哈佛大学。"

（引自 M. E. Van Valkenburg 著柳沢健译"アナログ・フィルタの設計"，p. 87 的注解原文，初版 1985 年秋叶出版社。）

5.9　移相器

5.9.1　使用 OP 放大器的移相器

通常，在高频区域，放大器的增益与频率的关系特性是下降的，而相位与频率的关系特性是滞后的。就是说，模拟电路的增益与相位是成套地进行变化的，独立地控制两者是不可能的。但是却存在增益与频率的关系特性是平坦的，仅仅相位随频率而滞后的特别电路。

例如是图 5.78 所示电路。这些电路被称为"恒幅移相电路"或"全通滤波器"（all-pass filter），或者被称为"移相器"（phase shifter）。

图 5.78(a)所示电路的电路文件表示在清单 5.11 中，其伯德

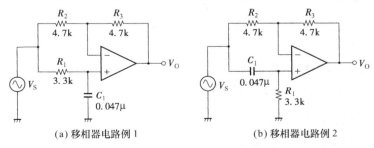

(a) 移相器电路例 1　　　　　(b) 移相器电路例 2

图 5.78　典型的移相器电路

图示于图 5.79。增益不随频率而变化，为 0dB。相位在低频范围为 0，但随频率的增加逐步的落后，在高频范围趋于 −180°。图 5.78(b)所示电路的电路文件表示在清单 5.12 中，其伯德图示于图 5.80。增益不随频率而变，为 0dB。相反，相位在低频范围为 +180°，而在高频范围趋近于 0。

```
phase1.cir - phase_shifter type 1

Vs 1 0 AC 1
R1 1 2 3.3K
C1 2 0 0.047u
R2 1 3 4.7K
R3 3 4 4.7K
X1 2 3 4 OPAMP

.SUBCKT OPAMP 1 2 3
E1 3 0 1 2 1E9
.ENDS
.AC DEC 20 1 1MEG
.PROBE
.END
```

```
phase2.cir - phase_shifter type 2

Vs 1 0 AC 1
C1 1 2 0.047u
R1 2 0 3.3K
R2 1 3 4.7K
R3 3 4 4.7K
X1 2 3 4 OPAMP

.SUBCKT OPAMP 1 2 3
E1 3 0 1 2 1E9
.ENDS
.AC DEC 20 1 1MEG
.PROBE
.END
```

清单 5.11　图 5.78(a)的电路文件　　　**清单 5.12**　图 5.78(b)的电路文件

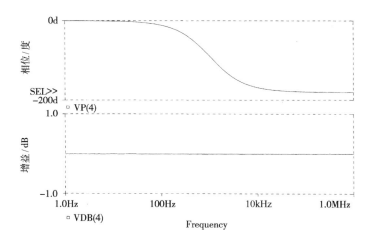

图 5.79　图 5.78(a)所示移相器的伯德图

5.9.2　移相器的用途

移相器有如下的用途：

- 使模拟滤波器的相位均匀（phase equalization）
- 提高音频再生装置的临场感

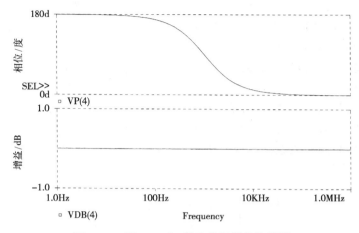

图 5.80　图 5.78(b)所示移相器的伯德图

1. 使相位均匀

首先对相位均匀进行说明。在第 2 章已经举出 Sallen-Key
高通滤波器的例子。它是将低频成分切去,通过高频成分。与此
相反,通过低频成分,切除高频成分的滤波器称为"低通滤波器"
(LPF:Low-Pass Filter)。

由于滤波器的目的是除去不希望的频率成分,所以 LPF 的
增益如图 5.81(a)所示在截止频率处垂直向下地进行衰减则是
理想的。另一方面,相位与频率的关系特性如图 5.81(b)所示,
与频率成比例地进行落后的"直线性相位"(linear phase)才是理
想的。

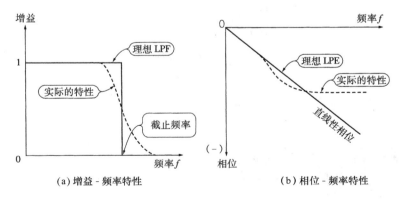

(a) 增益 - 频率特性　　　　　　　　　　(b) 相位 - 频率特性

图 5.81　理想 LPF 的频率特性(各坐标轴均为线性刻度)

直线性相位是重要的。如果滤波器不是直线性相位,则滤波器的输出波形成为与输入信号不同的波形。但是模拟滤波器不可能同时具备垂直向下的截止特性与直线性相位,所以在截止频率处增益急剧地下降的典型的模拟滤波器 LPF,其相位特性是非直线性的。

因此,如图 5.82 所示将 LPF 与移相器进行级联,在通频带很宽的频率范围,前级滤波器的相位失真被移相器的相位失真所抵消,对总的相位进行直线性化。用这种方法来消除相位失真称为相位均匀化。

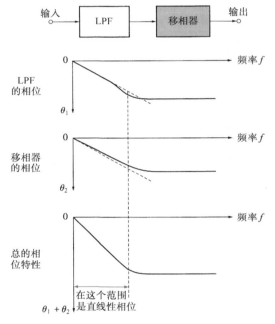

图 5.82 相位均匀

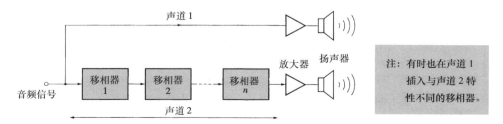

图 5.83 用移相器使两个扬声器的输出产生相位差,以提高临场感

2. 提高音频再生装置的临场感

移相器也可以用来提高音频再生装置的临场感。如图 5.83 那样,通过移相器的信号与没有通过移相器的信号分别用各自的扬声器进行再生,当两信号在音场空间合成,就可以如同立体声那样提高临场感。

5.9.3 关于转移函数

在下面,对移相器的相位与频率的关系特性进行计算,使用"转移函数"的概念还太早,所以先对转移函数进行说明。

为了计算含有电容和线圈的电路的电压波形和电流波形,本来必须求解微分方程式。例如图 5.84 所示电路的输入电压 $v_{\mathrm{IN}}(t)$ 与输出电压 $v_{\mathrm{O}}(t)$ 的关系遵从如下的微分方程式:

$$LC\,\frac{\mathrm{d}^2 v_{\mathrm{O}}(t)}{\mathrm{d}t^2} + RC\,\frac{\mathrm{d}v_{\mathrm{O}}(t)}{\mathrm{d}t} + v_{\mathrm{O}}(t) = v_{\mathrm{IN}}(t) \tag{5.70}$$

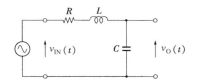

图 5.84 二次的 LC 低通滤波器

1. 海维赛算符法

解式(5.70)的微分方程式是一件大事。当使用 Oliver Heaviside(海维赛、英国电气工程学者,1850～1925)提出的符号法(算符法),不用解微分方程式就能计算频率特性。

称为海维赛的算符法,形式上是很简单的。

将任意时间函数 $f(t)$ 的导数 $\mathrm{d}f(t)/\mathrm{d}t$ 看作是微分符号 $(\mathrm{d}/\mathrm{d}t)$ 与 f 的乘积,因此将 $(\mathrm{d}/\mathrm{d}t)$ 换成符号 p,即

$$\frac{\mathrm{d}f(t)}{\mathrm{d}t} \rightarrow pf \tag{5.71}$$

因此二阶导数 $\mathrm{d}^2 f(t)/\mathrm{d}t^2$ 成为:

$$\frac{\mathrm{d}^2 f(t)}{\mathrm{d}t^2} = \frac{\mathrm{d}}{\mathrm{d}t}\left(\frac{\mathrm{d}f(t)}{\mathrm{d}t}\right) \rightarrow p(pf) \rightarrow p^2 f \tag{5.72}$$

通常,n 阶导数为:

$$\frac{\mathrm{d}^n f(t)}{\mathrm{d}t^n} \rightarrow p^n f \tag{5.73}$$

将这种符号法用到上述的微分方程式(5.70)中,则微分方程

式成为如下的代数方程式：

$$LCp^2Vo + RCpVo + Vo = V_{IN}$$

即

$$(LCp^2 + RCP + 1)V_O = V_{IN}$$

由此可以导出：

$$\frac{V_O}{V_{IN}} = \frac{1}{LCp^2 + RCp + 1} \tag{5.74}$$

式(5.74)的左边是电路的增益。所以式(5.74)的右边是 p 的有理函数。

这样,在海维赛算符法中就是将微分算符换成符号 p,现在通常代替 p 使用 s。s 是拉普拉斯变换的算符,是被称为"复数频率"(Complex frequency)的复数。现在,式(5.74)可以表示为

$$\frac{Vo}{V_{IN}} = \frac{1}{LCs^2 + RCs + 1} \tag{5.75}$$

这样,电路的增益用复数 s 的函数来表示的函数形式称为转移函数。

海维赛的算符法有点欠缺数学的严密性,今天,根据拉普拉斯变换的严谨论据已形成。即"转移函数是输出的拉普拉斯变换除以输入的拉普拉斯变换。"(参考专栏)

转移函数与拉普拉斯变换

函数 $f(t)$ 的拉普拉斯变换 $F(s)$ 由下式来定义：

$$F(s) = \int_0^\infty f(t)e^{-st}dt \tag{5.B}$$

设电路的输入电压为 $v_{IN}(t)$,输出电压为 $v_O(t)$,该电路的转移函数 $G(s)$ 可由下式来定义：

$$G(s) = \frac{\int_0^\infty v_O(t)e^{-st}dt}{\int_0^\infty v_{IN}(t)e^{-st}dt} \tag{5.C}$$

这里,假定电路中所有电容的初始电荷与所有电感中的初始电流为 0。

---

2. 在转移函数的复数频率 s 中代入 $j\omega$

式(5.75)给出的转移函数究竟起什么作用？实际上,当将式(5.75)的 s 换成 $j\omega$,它就成为前述的"复数增益 $G(j\omega)$"。即图5.84所示电路的复数增益为：

$$G(j\omega) = \frac{1}{(-LC\omega^2) + j\omega RC + 1}$$

$$= \frac{1}{(1 - LC\omega^2) + j\omega RC} \tag{5.76}$$

s 是在复数平面上的很大范围进行定义的变量,但如将 s 限定为纯虚数 $j\omega$,则成为频率响应。

另外,当使用转移函数时,瞬态响应(相当于 SPICE 的瞬态解析)也能够简单地进行计算。

5.9.4　阻　抗

如使用转移函数就没有必要求解微分方程。但导出转移函数式(5.75)时,已使用了微分方程式(5.70)。不能说在转移函数中去除了微分方程。实际上,如使用"瞬态阻抗"的概念,则完全可以将微分方程式隐芷起来。

在含有线圈和电容的电路中出现微分方程式,是由于线圈和电容上的电压与电流由下述的微分方程式来规定的缘故。

1. 线圈上的电压与电流

参见图 5.85。当线圈(电感)上流动的电流发生变化时,由于自感应现象,产生了反向电动势。即线圈上流动的电流 $i(t)$ 与线圈两端子电压 $v(t)$ 的关系由下面的微分方程式给出:

$$v(t) = L \frac{di(t)}{dt} \tag{5.77}$$

式中 L 为电感。

图 5.85　线圈的电压和电流　　　　**图 5.86**　电容的电压和电流

2. 电容的电压与电流

参见图 5.86,在电容上积累的电量 $Q(t)$ 与电容两端间的电压 $v(t)$ 成正比。即

$$Q(t) = Cv(t) \tag{5.78}$$

式中 C 为静电容。

另一方面,电容上流动的电流 $i(t)$ 与积累电荷,即积累电量

$Q(t)$ 之间的关系为：

$$\frac{\mathrm{d}Q(t)}{\mathrm{d}t} = i(t) \tag{5.79}$$

由式(5.78)与式(5.79)可以导出电容上的电压与电流的微分方程式：

$$C\frac{\mathrm{d}v(t)}{\mathrm{d}t} = i(t) \tag{5.80}$$

3. 符号法用到线圈上

如将符号法用到微分方程式(5.77)，则有

$$V = LsI \tag{5.81}$$

因此，有

$$\frac{V}{I} = sL \tag{5.82}$$

式(5.82)的右边(sL)称为"电感的瞬态阻抗"。

4. 符号法用到电容上

如将符号法用到微分方程式(5.80)上，则有：

$$CsV = I \tag{5.83}$$

因此有：

$$\frac{V}{I} = \frac{1}{sC} \tag{5.84}$$

式(5.84)的右边[$1/(sC)$]称为"电容的瞬态阻抗"。

5. 瞬态阻抗的合成

通常，阻抗的符号是 Z。由于瞬态阻抗是复数频率 s 的函数，所以表示成 $Z(s)$。由瞬态阻抗的串联连接和并联连接所产生的合成与电阻的合成是完全一样的。

如图 5.87 所示，设元件 1 的瞬态阻抗为 $Z_1(s)$，元件 2 的瞬态阻抗为 $Z_2(s)$，则瞬态阻抗的串联和 Z_S 为：

$$Z_S = Z_1(s) + Z_2(s) \tag{5.85}$$

瞬态阻抗的并联和为：

$$Z_P = \frac{1}{\dfrac{1}{Z_1(s)} + \dfrac{1}{Z_2(s)}} \tag{5.86}$$

这样，瞬态阻抗的合成与电阻的合成是相同的，所以在由电阻与电容和线圈组成的电路中，各部分的电压与电流的计算可以与仅由电阻构成的电路的电压与电流一样进行计算。显然，基尔霍夫(Kirchhoff)定律也能适用。

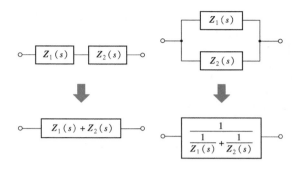

　　（a）瞬态阻抗的串联和　　　　（b）瞬态阻抗的并联和

图 5.87　瞬态阻抗的合成

　　例如,使用瞬态阻抗将图 5.84 电路改画成图 5.88 那样。将 sL 和 $1/(sC)$ 看作电阻值,如使用电阻分压电路的电压计算方法,则可以得到先前导出的转移函数公式(5.75):

$$\frac{V_O}{V_{IN}} = \frac{\dfrac{1}{sC}}{R + sL + \dfrac{1}{sC}} = \frac{1}{RCs + LC^2 + 1}$$

$$= \frac{1}{LCs^2 + RCs + 1}$$

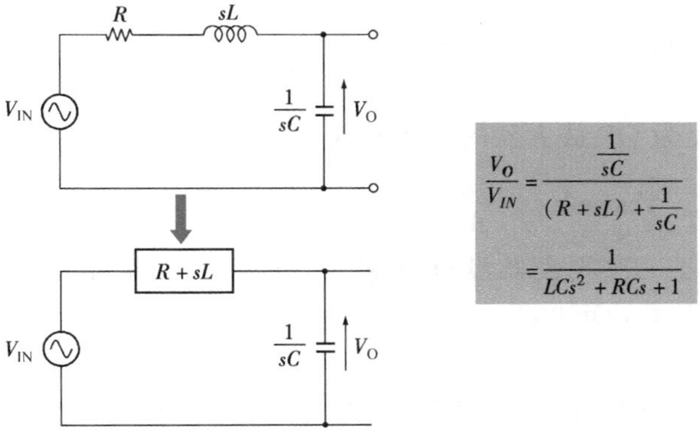

$$\frac{V_O}{V_{IN}} = \frac{\dfrac{1}{sC}}{(R+sL) + \dfrac{1}{sC}}$$

$$= \frac{1}{LCs^2 + RCs + 1}$$

图 5.88　利用瞬态阻抗导出图 5.84 电路的转移函数

5.9.5　移相器的转移函数

　　使用瞬态阻抗,导出图 5.78(a)所示移相器的转移函数来计算增益和相位。将图 5.78(a)改画成图 5.89,则 OP 放大器的非

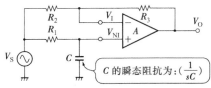

（a）移相器电路

（b）求出转移函数

图 5.89 导出图 5.78(a)移相器的转移函数

反向输入电压 V_{NI} 为：

$$V_{NI} = \frac{\dfrac{1}{sC}}{R_1 + \left(\dfrac{1}{sC}\right)} V_S = \left(\frac{1}{1+sT}\right) V_S \tag{5.87}$$

式中

$$T = R_1 C \tag{5.88}$$

通常称用式(5.88)表示的电阻值与静电容之乘积为"时间常数"(time constant)。

假定 OP 放大器的输入偏置电流为 0，由于在 R_2 与 R_3 中流动的电流相等，在 $R_2 = R_3$ 时，下式成立：

$$V_S - V_I = V_I - V_O \tag{5.89}$$

式中，V_1 为反向输入电压。

OP 放大器的输出电压 V_O 为

$$V_O = A(V_{NI} - V_I) \tag{5.90}$$

式中，A 为 OP 放大器的开环增益。因此，有

$$V_{NI} - V_I = \frac{V_O}{A} \tag{5.91}$$

由于 OP 放大器没有饱和时，开环增益 A 非常大，所以式 (5.91)的右边可以看成是 0。因此下式近似地成立：

$$V_{NI} = V_I \tag{5.92}$$

式(5.92)近似地成立，即将 V_{NI} 与 V_1 的电位差看作为 0 这件事，通常称为"假想短路"(imaginary short)。

将式(5.87)，式(5.89)、式(5.92)看成是关于未知数 V_{NI}、V_I、V_O 的联立一次方程式来求解，则求得输出电压 V_O 为：

$$V_O = \left(\frac{1-sT}{1+sT}\right) V_S \tag{5.93}$$

因此转移函数 $G(s)$ 为：

$$G(s) = \frac{V_O}{V_s} = \frac{1 - sT}{1 + sT} \qquad (5.94)$$

将 $s = j\omega$ 代入式(5.94),则求出复数增益如下:

$$G(j\omega) = \frac{1 - j\omega T}{1 + j\omega T} \qquad (5.95)$$

1. 图 5.78(a)所示电路的增益–频率特性

增益 $|G|$ 是式(5.95)的绝对值,为

$$| G(j\omega) | = \left| \frac{1 - j\omega T}{1 + j\omega T} \right| = \frac{\sqrt{1 + (-\omega T)^2}}{\sqrt{1 + (\omega T)^2}} = 1 \qquad (5.96)$$

即增益为 1 倍($=0dB$)。

2. 图 5.78(a)所示电路的相位–频率特性

相位是复数 $G(j\omega)$ 的偏角,为:

$$\arg[G(j\omega)] = \arg(1 - j\omega T) - \arg(1 + j\omega T)$$
$$= -2\arctan\omega T \qquad (5.97)$$

如将式(5.96)与式(5.97)用伯德图来表示,则可发现确实与用模拟求得的图 5.79 一致。

5.9.6　5 管晶体管的 2 级移相器

用于提高音频再生装置的临场感的移相器表示在图 5.90 中。它是利用图 5.91 所示的"CE 分割型相位反转电路"后的电路,该电路形式是在 OP 放大器很罕见的 1970 年左右使用的。

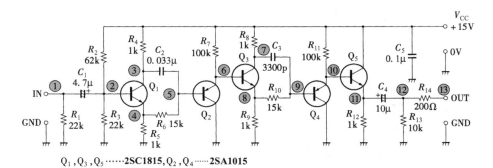

图 5.90　由 5 管晶体管组成的 2 级移相器

图 5.91 所示的 CE 分割型相位反转电路具有两个输出端。如令发射极输出电压的交流成分为 V_1 集电极输出电压的交流成分为 v_2,基极输入电压的交流成分为 v_{IN},则下式近似地成立:

$$v_1 = \left(\frac{g_m R_E}{1 + g_m R_E}\right) v_{IN} \tag{5.98}$$

$$v_2 = -\left(\frac{g_m R_C}{1 + g_m R_E}\right) v_{IN} \tag{5.99}$$

在式中,如果 $R_E = R_C$,且 $g_m R_E$ 比 1 大得多,则近似地为:

$$v_1 = v_{IN} \tag{5.100}$$

$$v_2 = -v_{IN} \tag{5.101}$$

V_1 与 V_2 可以看成是同振幅且反相位的。

5.9.7 CE 分割型移相器

图 5.92(a)所示的 CE 分割型移相器是在图 5.91 所示的 CE 分割型相位反转电路中加上了电阻 R 与电容 C,如使用图 5.92 (b)所示等效电路,则有:

$$
\begin{aligned}
V_O &= \left(\frac{\frac{1}{sC}}{R + \frac{1}{sC}}\right) V_1 + \left(\frac{R}{R + \frac{1}{sC}}\right) V_2 \\
&= \frac{1}{1 + sT} V_1 + \frac{sT}{1 + sT} V_2 \\
&= \frac{1}{1 + sT} V_{IN} + \frac{sT}{1 + sT}(-V_{IN}) \\
&= \frac{1 - sT}{1 + sT} V_{IN}
\end{aligned} \tag{5.102}
$$

式中 $T = RC$。

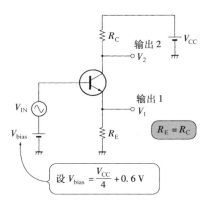

图 5.91 CE 分割型相位反转电路

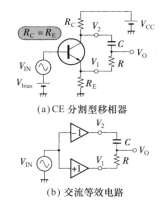

(a)CE 分割型移相器

(b) 交流等效电路

图 5.92 CE 分割型移相器原理图

因此,转移函数为:

$$\frac{V_{\mathrm{O}}}{V_{\mathrm{IN}}} = \frac{1-sT}{1+sT} \qquad\qquad (5.103)$$

又回归到先前的转移函数式(5.94)。

5.9.8　电路组成

图 5.90 所示电路是 2 级的移相器。第 1 级由 Q_1、R_6、C_2 组成,第 2 级由 Q_3、R_{10}、C_3 组成。

第 2 级的时间常数是第 1 级时间常数的 1/10。Q_2 是为了提高第 2 级的输入阻抗用的共集电极电路。Q_4 与 Q_5 是不同极性的达林顿射极跟随器。

5.9.9　模拟与实测特性

根据清单 5.13 的电路文件所产生的伯德图表示在图 5.93 中。在 20Hz~100kHz,相位移动 360°。通常,将具有式(5.103)所示转移函数的移相器进行 n 级串接,则相位移动 $n\times180°$。

```
phaseshifter              R10 8 9 15K
                          C3 7 9 0.0033U
Vcc Vcc 0 15V             Q4 0 9 10 QA1015
Vs 1 0 AC 1V sin(0 1 1kHz)  Q5 Vcc 10 11 QC1815
C1 1 2 4.7U               R11 Vcc 10 100K
R2 Vcc 2 62K              C4  11 12 10U
R3 2 0  22K               R12 11 0 1K
Q1 3 2 4 QC1815           R13 12 0 10K
R4 Vcc 3 1K               R14 12 13 200
R5 4 0 1K                 RL  13 0  1MEG
R6 4 5 15K
C2 3 5 0.033U             .ac dec 20 10 1G
Q2 0 5 6 QA1015           .tran 0.01ms 2ms 0 0.01ms
Q3 7 6 8 QC1815           .op
R7 Vcc 6 100K             .lib c:\spice\lib\bg1.lib
R8 Vcc 7 1K               .probe
R9 8 0   1K               .end
```

清单 5.13　5 管移相器(图 5.90)
的电路文件

直至 20Hz~1MHz,相位与频率的关系特性几乎是平坦的。图 5.94 是输入 1kHz 的正弦波电压之后的瞬态分析。图 5.95 表示实测噪声失真系数特性。对于 $0.1V_{\mathrm{RMS}}$ 以下的输出电压,噪声失真系数变坏是由于电源噪声的影响。

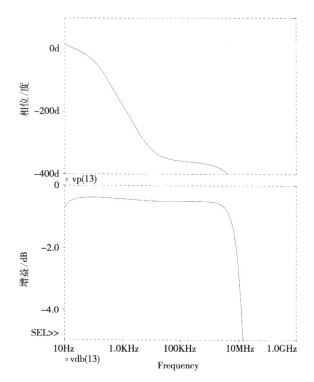

图 5.93 5 管移相器的伯德图

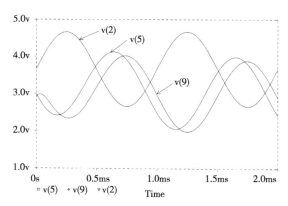

图 5.94 5 管移相器的瞬态分析

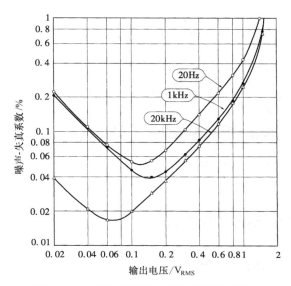

图 5.95 5 管移相器的实测失真系数特性

5.9.10 印制电路板

印制电路板的图形示于图 5.96,其外观示于照片 5.10。

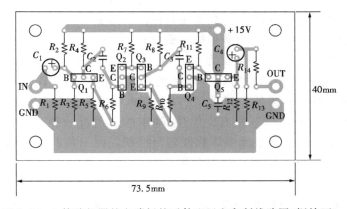

图 5.96 5 管移相器的电路板的元件配置和印制线路图(铜箔面)

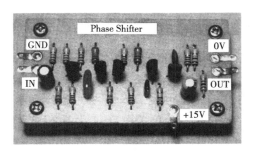

照片 5.10 完成后的 5 管移相器

5.10 三角波→正弦波变换器

5.10.1 函数发生器

连续改变使用了反馈的正弦波发生器(先前的双 T 型和状态变数型等)的振荡频率是非常麻烦的。对于双 T 型来说,则必须至少对 3 个电阻或电容的值进行连动可变。对于状态变数型,则至少需对 2 个电阻或者电容的值进行连动可变。

并且,也担心振幅随着频率变化而变化。即使已将恒定振幅维持在一定值的场合,达到振幅目标值也需要一些时间(称为振幅调整时间)。特别是低频的振幅调整时间往往变得很长。

以三角波和矩形波为主,产生各种信号波形的"函数发生器"是众所周知的没有这些缺点的振荡器。由于函数发生器的正弦波是由三角波生成的,所以失真系数并不太好。谐波失真系数为 0.1%~1%左右。但是,基本的三角波的振荡频率用 1 个电阻或者 1 个直流电压就能进行控制。因三角波的振幅很少受振荡频率的影响。由三角波所生成的正弦波振幅也比较稳定。

产生三角波、矩形波、正弦波三种波形的函数发生器用专用 IC 也正在销售中。英特尔公司和哈利斯公司的 ICL8038 和马克西姆公司的 MAX038 等产品容易买到,价格也能接受。

但在这里,还是使用分立半导体器件来制作将三角波变换成正弦波的,如图 5.97 所示的电路。

5.10.2　电路组成

图 5.97 所示电路由以下几部分组成：

（1）Q_1、Q_2——差动放大电路

（2）Q_3——稳流电路

（3）D_3、R_5、Q_5——电流镜像电路

（4）D_4、R_6、Q_4——电流镜像电路

（5）Q_6——相位反转电路

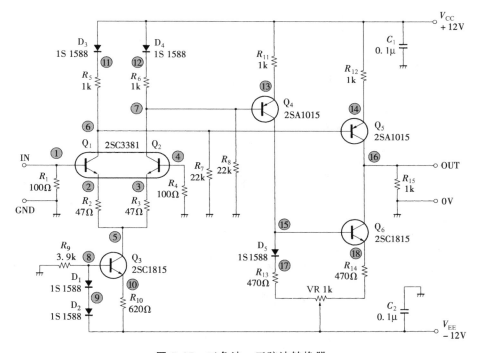

图 5.97　三角波→正弦波转换器

该电路的心脏部分是初级的差动放大电路。若在初级输入适当大小的三角波信号，则 Q_1 与 Q_2 的各个集电极电流波形成为正弦波。当 Q_1 与 Q_2 的饱和电流 I_S 不同时，输出正弦波的失真系数就变坏，所以在初级使用单片双晶体管的 QSC3381（东芝）。

在 Q_1 与 Q_2 几乎完全截止时，R_7 与 R_8 是使正向偏置电流在 D_3 与 D_4 上流动的电阻。若省去 R_7 与 R_8，则输出正弦波信号的失真系数就大幅度增加。

第 2 级的 Q_4、Q_5 与 Q_6 的作用是使 Q_1 与 Q_2 的集电极电流

的变化量进行合成,以便在 R_{15} 的两端形成输出电压。可变电阻 VR(1kΩ)是调整输出补偿电压用的。

5. 10. 3 模 拟

首先看一下输出波形的模拟(图 5.98)。电路文件如清单 5.14 所示。

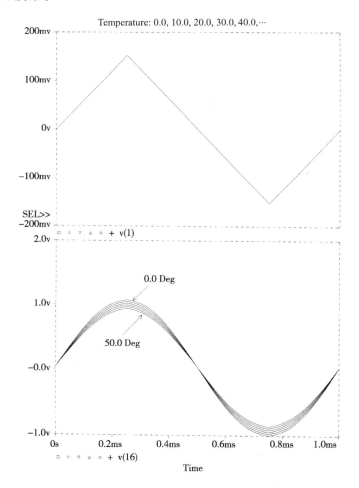

图 5.98 三角波→正弦波转换器的瞬态分析

使温度按 0℃,10℃,20℃,30℃,40℃进行变化。随着温度的增加,输出振幅稍有变化,但是,所有波形几乎都是正弦波。为了保持谐波失真系数为最小,有必要将初级的发射极电阻与 Q_3 的集电极电流设置在最佳值。详细情况在后面介绍。

```
tritosin.cir- Triangle-wave to Sine-wave converter
VS 1 0 AC 1V PWL(0 0 0.25m 0.153 0.75m -0.153 1m 0)
Vcc Vcc 0    +12V
Vee Vee 0    -12V
Q1 6 1 2     QC3381
Q2 7 1 3     QC3381
R1 1 0       100
R2 2 5       47
R3 3 5       47
R4 4 0       100
Q3 5 8 10    QC1815
R9 0 8       3.9K
R10 10 Vee   620
D1 8 9       DS1588
D2 9 Vee     DS1588
D3 Vcc 11    DS1588
D4 Vcc 12    DS1588
R5 11 6      1K
R6 12 7      1K
R7 6 0       22K
R8 7 0       22K
```
```
Q4 15 7 13   QA1015
Q5 16 6 14   QA1015
R11 Vcc 13   1K
R12 Vcc 14   1K
D5 15 17     DS1588
Q6 16 15 18  QC1815
R13 17 Vee   970
R14 18 Vee   970
R15 16 0     1K

.MODEL QC3381 NPN(IS=1E-14 IK=0.1
+    XTB=1.7 BF=400 RB=20 TF=0.9N
+    TR=36N CJE=34P CJC=18P VA=100)

.four 1kHz V(16)
.op
.temp 0 10 20 30 40 50
.lib c:¥spice¥lib¥bg1.lib
.tran 0.01ms 1ms 0 0.01ms
.ac dec 50 1 100meg
.probe
.end
```

清单 5.14　三角波→正弦波转换器的电路文件

5.10.4　差动放大电路的集电极电流-差动输入电压特性

图 5.97 所示电路的初级是常见的差动放大电路。但是输入 $\pm 153\mathrm{mV}$ 那么大的差动电压,与一般的差动放大电路是不同的。以下从理论与模拟两方面,对大输入情况下的集电极电流的变化情况进行论证。

为简单起见,首先考虑没有发射极电阻的差动放大电路(图5.99)。

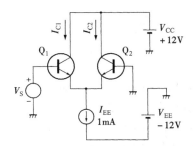

图 5.99　测量差动放大电路的集电极电流与差动 输入电压的关系特性用的测量电路

如在第 1 章已叙述过那样,晶体管的基极-发射极间电压 V_{BE} 与集电极电流 I_{C} 之间,近似地有下式所示的关系:

$$I_{\mathrm{C}} = I_{\mathrm{s}} \exp\left[\left(\frac{q}{kT}\right) V_{\mathrm{BE}}\right] \tag{5.104}$$

式中,I_{s} 为饱和电流;q 为电子电荷(1.602×10^{-19} C);k 为玻尔兹曼常量(1.3805×10^{-23} J/K);T 为绝对温度,K。

当将式(5.104)运用于图 5.99 所示差动放大电路时,则有:

$$I_{C1} = I_{S1} \exp\left[\left(\frac{q}{kT}\right) V_{BE1}\right] \tag{5.105}$$

$$I_{C2} = I_{S2} \exp\left[\left(\frac{q}{kT}\right) V_{BE2}\right] \tag{5.106}$$

$$V_{BE1} - V_{BE2} = V_S \tag{5.107}$$

$$I_{E1} + I_{E2} = I_{EE} \tag{5.108}$$

如假定 Q_1 与 Q_2 的 h_{FE} 相等,则有

$$I_{C1} + I_{C2} = I \tag{5.109}$$

但是

$$I = \left(\frac{h_{FE}}{1 + h_{FE}}\right) I_{EE} \tag{5.110}$$

进而,当假定 Q_1 的饱和电流 I_{S1} 与 Q_2 的饱和电流 I_{S2} 相等,就能求解未知数 I_{C1}、I_{C2}、V_{BE1}、V_{BE2} 的联立一次方程式[式(5.105)、式(5.106)、式(5.107)、式(5.109)],作为输入电压 V_S 的函数能求出集电极电流 I_{C1} 与 I_{C2} 分别为

$$I_{CI} = \frac{I}{2}\left[1 + \tanh(x)\right] \tag{5.111}$$

$$I_{C2} = \frac{I}{2}\left[1 - \mathrm{tnah}(x)\right] \tag{5.112}$$

式中

$$\tanh(x) = \frac{e^x - e^{-x}}{e^x + e^{-x}}, X = \frac{1}{2}\left(\frac{V_S}{V_T}\right) \tag{5.113}$$

$$V_T = \frac{kT}{q} \tag{5.114}$$

V_T 是称为"热电压"(thermal voltage)的参数,在 300K(约 26.85℃),V_T 的值约为 25.8mV。

式(5.111)、式(5.112)表示的函数,即差动放大电路的集电极电流与差动输入电压的关系特性表示在图 5.100 中。

在图 5.99 所示差动放大电路中,输入三角波时的集电极电流波形的模拟结果示于图 5.101。电路文件示于清单 5.15。

在差动输入电压小时,集电极电流波形是三角波,但若 V_S 的振幅增加,则波峰被抑压而接近于矩形波。

对于振幅为 ±75mV 的三角波输入,集电极电流波形的波峰有些尖,但是整体上是接近于正弦波。为了研究谐波失真系数 THD(Total Harmonic Distortion)根据清单 5.16,对 Q_1 的集电极电流进行傅里叶变换,结果,THD 约为 1.4%。

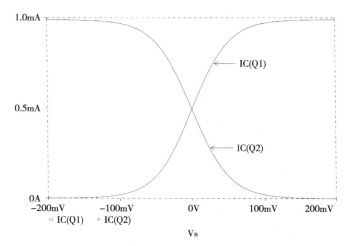

图 5.100　图 5.99 电路的集电极电流与差动输入电压的关系

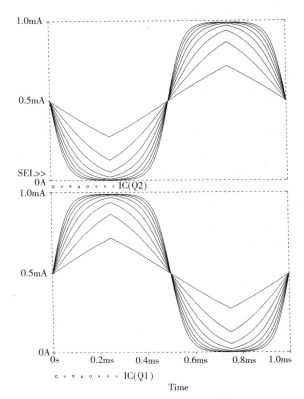

图 5.101　图 5.99 的输入电压 V_s 为三角波时的集电极电流波形

（三角波的振幅为 $\pm 25m \sim \pm 200mV$，步长 25mV）

```
dif.cir - collector current vs input voltage
Vcc vcc 0 12
Vee vee 0 -12
Vs 1 0 PWL(0, 0, 0.25ms, {Vamp}, 0.75ms, {-Vamp}, 1ms, 0)
Q1 vcc 1 2 QIDEAL
Q2 vcc 0 2 QIDEAL
IEE 2 vee 1mA
.PARAM Vamp =1
.STEP PARAM Vamp 0.025 0.2 0.025
.MODEL QIDEAL NPN(IS=1E-14)
.FOUR 1kHz IC(Q1)
.DC Vs -0.2 +0.2 0.001
.TRAN 0.01ms 1ms 0 0.01ms
.PROBE
.END
```

清单 5.15 图 5.99 所示差动放大电路的电路文件

```
dif.cir - collector current vs input voltage

****      FOURIER ANALYSIS               TEMPERATURE =   27.000 DEG C
****      CURRENT STEP                   PARAM VAMP =     .075
*******************************************************************************

HARMONIC    FREQUENCY    FOURIER      NORMALIZED    PHASE        NORMALIZED
  NO          (Hz)       COMPONENT    COMPONENT     (DEG)        PHASE (DEG)

   1       1.000E+03    4.327E-04    1.000E+00    1.249E-03    0.000E+00
   2       2.000E+03    2.704E-08    6.249E-05   -7.969E+01   -7.969E+01
   3       3.000E+03    3.154E-06    7.289E-03   -7.641E-03   -8.890E-03
   4       4.000E+03    2.024E-08    4.677E-05    7.289E+01    7.289E+01
   5       5.000E+03    4.650E-06    1.075E-02    1.586E-02    1.461E-02
   6       6.000E+03    2.704E-09    6.248E-06   -9.590E+01   -9.591E+01
   7       7.000E+03    2.261E-06    5.225E-03   -1.800E+02   -1.800E+02
   8       8.000E+03    9.014E-09    2.083E-05   -1.101E+02   -1.101E+02
   9       9.000E+03    1.411E-06    3.261E-03    2.813E-01    2.800E-01


  TOTAL HARMONIC DISTORTION =    1.437171E+00 PERCENT
```

清单 5.16 在图 5.99 的差动放大电路上加了振幅为 ±75mV 的
三角波时, 集电极电流的傅里叶变换结果

 输入三角波的振幅在 ±75mV 左右, 失真系数为最小已经得
到确证, 所以将 V_s 的振幅在 ±70m～±80mV 的范围内以 1mV
步长进行变化, 来求失真系数, 结果可以得到图 5.102 所示曲线。
失真系数的最小值为 1.33%, 与市售的函数发生器相比, 这是比
较差的值。

 但是, 如图 5.103 所示, 在差动放大电路的发射极上接上适当
的电阻, 则失真系数可达到低于 1%。在发射极电阻 R_E 的值分别
为 0Ω、50Ω、100Ω 时的集电极电流与差动输入电压的关系表示在
图 5.104 中。

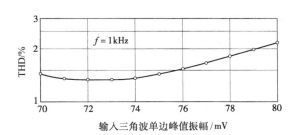

图 5.102　集电极电流的 THD 与输入三角
波振幅的关系特性

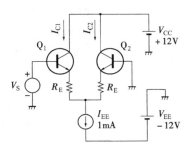

图 5.103　插入发射极电阻 R_E
后的差动放大电路

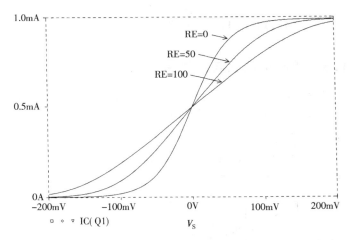

图 5.104　图 5.103 电路的集电极电流与差动输入电压的关系

　　因为由 R_E 加负反馈,所以 R_E 的值越大曲线的斜率越低,且线性的输入电压范围越扩大。对图 5.104 中的三条曲线进行比较则会发现,插入 $R_E=50\Omega$ 的曲线的变化最接近于正弦波变化。即表示晶体管的互导 gm 与 R_E 的乘积满足下式:

$$g_m R_E = 1 \qquad\qquad (5.115)$$

　　当输入适当振幅的三角波时,集电极电流就能够高精度地接近于正弦波波形。

　　从理论上导出最佳三角波振幅是困难的,根据实验(模拟),能满足式(5.115)条件的最佳的三角波输入振幅是 ±150mV 左右。但是,由于热电压与温度成正比,若温度发生变化,则最佳条件发生变化。因此,在图 5.97 所示的实用电路中设计成使恒流源的值(Q_3 的集电极电流)与环境温度相连动地进行变化,即使在温度变化时也可维持在最适当的工作状态,也就是维持最小的失真系数。按照使用清单 5.14 的电路文件的模拟结果,将输入三角波的振幅设定在 ±153mV 时,可以得到最小的失真系数(图 5.105)。

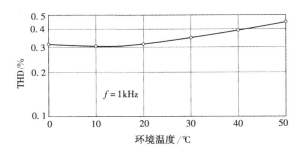

图 5.105 图 5.97 电路的失真系数特性的模拟

5.10.5　印制电路板与实测特性

三角波→正弦波转换器的印制电路板图形表示在图 5.106,其外观表示在照片 5.11 中。输出正弦波的失真系数是 0.38%(室温 28℃,振幅为 ±152mV,1kHz 的三角波输入)。与专用 IC 的 ICL8038 和 MAX038 相比较,失真系数是较低的。实测波形与失真系数表示在照片 5.12 中。

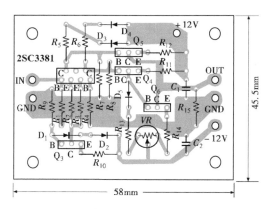

图 5.106 三角波→正弦波转换器的电路板
元器件配置和印制线路图(铜箔面)

照片 **5.11** 完成后的三角波→正弦波转换器

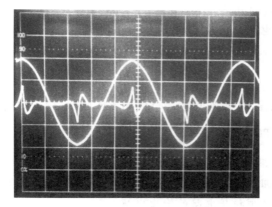

照片 **5.12** 三角波→正弦波转换器的输出波形和
残留的失真波形(已将刻度放大)

5.11 带隙型稳压电路

5.11.1 齐纳二极管的缺点

前面举出的串联调节器的基准电压源用的是齐纳二极管。但
齐纳二极管有如下的缺点:

(1)噪声大;

(2)齐纳电压分散;

(3)温度系数为 0 的齐纳电压约为 5V,因此必须要 5V 以上
的电源电压。

上述缺点成为问题的情况下,作为基准电压源就使用在本质上是低噪声的"带隙型稳压电路"。显然,该电路也已 IC 化,但是在这里为了学习,还是制作用分立晶体管和 OP 放大器组装的电路。

5.11.2　带隙型稳压电路的原理

二极管的正向电压 V_F 和晶体管的基极-发射极电压 V_{BE} 都可以作为电压源。但因为 V_F 和 V_{BE} 是低电压(约 0.6V),且温度系数约为 $-2mV/℃$,所以电压变动率表现为约 $-0.3\%/℃$ 那么大的值。

带隙型稳压电路是用热电压 V_T 的正温度系数来抵消 V_{BE} 的负温度系数的电路。

1. 热电压的温度系数

如式(5.114)所示,热电压 V_T 为:

$$V_T = \frac{kT}{q}$$

因此,热电压 V_T 的温度系数 TC 如下式所示,是正的值:

$$TC = \frac{k}{q} = \frac{1.3805 \times 10^{-23}}{1.602 \times 10^{-19}} = 0.0865(mV/℃) \quad (5.116)$$

因此,如果将具有负的温度系数的 V_{BE} 与作适当加权的热电压 V_T 进行相加,就会在很宽的温度范围内使温度系数几乎为 0。

2. 带隙型稳压电路的输出电压

考虑了各种电路结构,但在这里制作以图 5.107 所示原理电路[19]为基础的实用电路(图 5.108)。

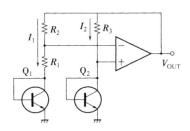

图 5.107　将分立晶体管和 OP 放大器进行
组合后的带隙型稳压电路的原理电路

在图 5.107 所示原理电路中,应用式(5.104),则有

$$I_1 = I_{B1} + I_{C1} = \left(\frac{1 + h_{FE1}}{h_{FE1}} \right) I_{S1} \exp \left[\left(\frac{q}{kT} \right) V_{BE1} \right]$$
$$\tag{5.117}$$

$$I_2 = I_{B2} + I_{C2} = \left(\frac{1 + h_{FE2}}{h_{FE2}} \right) I_{S2} \exp \left[\left(\frac{q}{kT} \right) V_{BE2} \right]$$
$$\tag{5.118}$$

当将 OP 放大器的输入看成是假想短路,则有

$$I_1 R_2 = I_2 R_3 \tag{5.119}$$
$$V_{BE1} + I_1 R_1 = V_{BE2} \tag{5.120}$$

这里,若假定 Q_1 与 Q_2 的饱和电流以及 h_{FE} 相等则由式 (5.117)与式(5.118)可得:

$$\frac{I_2}{I_1} = \exp \left[\left(\frac{q}{kT} \right) (V_{BE2} - V_{BE1}) \right] \tag{5.121}$$

因此

$$V_{BE2} - V_{BE1} = V_T \ln \left(\frac{I_2}{I_1} \right) \tag{5.122}$$

式中 V_T 是热电压,用式(5.114)表示,即

$$V_T = \frac{kT}{q}$$

由式(5.119)、式(5.120)以及式(5.122)可得:

$$I_1 R_1 = V_T \ln \left(\frac{R_2}{R_3} \right) \tag{5.123}$$

输出电压 V_{OUT} 为

$$V_{OUT} = V_{BE2} + I_2 R_3 = V_{BE2} + I_1 R_2$$
$$= V_{BE2} + I_1 R_1 \left(\frac{R_2}{R_1} \right) \tag{5.124}$$

将式(5.123)代入式(5.124),则有

$$V_{OUT} = V_{BE2} + m V_T \tag{5.125}$$

式中

$$m = \left(\frac{R_2}{R_1} \right) \ln \left(\frac{R_2}{R_3} \right) \tag{5.126}$$

式(5.125)右边第 2 项中的 m 是热电压 V_T 的加权系数,适当地设定 m 值可使 V_{OUT} 的温度系数为 0。

3. V_{BE} 的温度系数

V_{BE} 的温度系数约为 $-2mV/℃$, V_T 的温度系数则约为 $+0.0865mV/℃$,所以如果设加权系数 m 的值为 25,则 V_{OUT} 的温度系数可为 0。但是为了正确地确定 m 的值,必须知道 V_{BE}

的正确的温度系数。

实际上，V_{BE} 的温度系数可以从规定集电极电流 I_C 与 V_{BE} 关系的下式导出[23]：

$$I_C = \alpha T^r \exp\left[\left(\frac{q}{kT}\right)(V_{BE} - V_{g0})\right] \qquad (5.127)$$

式中，α 为与基区参数有关的、与温度无关的常量；T 为 PN 结的结温（绝对温度，单位用 K）；r 是主要与少数载流子扩散系数的温度系数有关的常数，几乎与晶体管的形状、尺寸无关，对于 NPN 型硅晶体管，$r \approx 1.5$；V_{g0} 为带隙电压，即在绝对零度时 PN 结的正向电压，硅的带隙电压为 1.205V。

式(5.127)对 V_{BE} 求解，则有：

$$V_{BE} = V_{g0} + \left(\frac{kT}{q}\right)(\ln I_C - \ln\alpha - r\ln T) \qquad (5.128)$$

在 I_C 保持一定的状态下，将它对温度 T 进行微分，则可以得到 V_{BE} 的温度系数：

$$\frac{dV_{BE}}{dT}\bigg|_{I_C} = \frac{k}{q}(\ln I_C - \ln\alpha - \gamma\ln T - \gamma) \qquad (5.129)$$

由式(5.128)与式(5.129)，可得

$$\frac{dV_{BE}}{dT}\bigg|_{I_C} = \left(\frac{V_{BE} - V_{g0}}{T}\right) - \left(\frac{k}{q}\right)r \qquad (5.130)$$

4. 温度系数为 0 的输出电压

由式(5.114)、式(5.125)以及式(5.130)可得输出电压 V_{OUT} 的温度系数为：

$$\frac{dV_{OUT}}{dT} = \left(\frac{V_{BE2} - V_{g0}}{T}\right) + \left(\frac{k}{q}\right)(m - \gamma) \qquad (5.131)$$

因此，输出电压的温度系数为 0 的充分的必要条件是：

$$\left(\frac{V_{BE2} - V_{g0}}{T}\right) + \left(\frac{k}{q}\right)(m - r) = 0 \qquad (5.132)$$

将式(5.132)对 V_{BE2} 求解，则有

$$V_{BE2} = V_{g0} - (m - r)\left(\frac{kT}{q}\right)$$

$$V_{BE2} = V_{g0} - (m - r)V_T \qquad (5.133)$$

将式(5.133)代入式(5.125)，就能确实温度系数为 0 的输出电压。即：

$$V_{OUT} = V_{g0} + rV_T \qquad (5.134)$$

由式(5.134)可知，如假定 $r=15$，在 $T=300$K、温度系数为 0

时的输出电压为：
$$V_{OUT} = 1.205 + 1.5 \times 0.0258 = 1.244(V) \qquad (5.135)$$
因此，式(5.133)对 m 求解，则可以求得加权系数 m 为：
$$m = r + \left(\frac{V_{g0} - V_{BE2}}{V_T} \right) \qquad (5.136)$$

例如，在温度 300K 时，假定 $V_{BE2} = 0.6, r = 1.5$，则在 300K，输出电压的温度系数为 0 的加权系数 m 的值为：
$$m = 1.5 + \left(\frac{1.205 - 0.6}{0.0258} \right) = 24.4 \qquad (5.137)$$

因此，如设定 R_1、R_2、R_3 使得式(5.126)的 m 值为 24.4，则输出电压的温度系数为 0。

5.11.3   实用电路

该电路表示在图 5.108 中。在该电路中，OP 放大器的选择是重要的。有必要使用单电源类型，而且应是同相输入电压，即使是 0V 也能工作的 OP 放大器。在这里，使用了容易买到的 LM358。

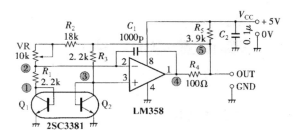

图 5.108   带隙型稳压电路的实用电路

当 Q_1 与 Q_2 的结温不同时，上述的理论就变得没有意义，由于输出电压的漂移增加，所以一定要使用单芯片双(twin)晶体管。将两个芯片封装在一个管壳内的双晶体管(例如 2SC1583)是不适用的。

$C_1 = 1000pF$ 是相位补偿电容，其作用是为了在输出端至 GND 间接有大容量的电容时也能稳定地动作。R_4 也是在负载为电容时防止振荡用的电阻。R_5 是起动用的电阻。若省去 R_5 时，则在接通电源时，输出电压的上升往往会失败。VR(10kΩ)用于输出电压微调，调整到输出电压的温度系数为 0。

印制电路板的图形示于图 5.109，其外观示于照片 5.13。

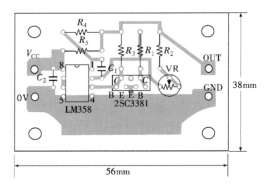

图 5.109 带隙型稳压电路（图 5.108）的电路板
元件配置和印制线路图（铜箔面）

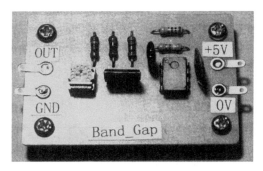

照片 5.13 完成后的带隙型稳压电路

5.11.4 模拟与实测特性

对使用了 OP 放大器的电路进行模拟时，为了缩短操作时间和节约存储量，通常在 OP 放大器的子电路中使用微模型（只有几个晶体管的简化等效电路），但是，由于图 5.108 电路加了正反馈，如使用微模型，则输出电压往往趋近于不正确的值。因此，OP 放大器的子电路有必要使用与 OP 放大器内部的晶体管一一对应的模型。

在国家半导体公司（National Semiconductor Corp.）的数据图表中，登录着图 5.110 所示的简化等效电路[23]。由于 PSpice 的评价版和 CQ 版（日本）存在着能进行模拟的晶体管数目只有 10 个的限制，所以不能使用这个等效电路。因此，对它作进一步的简化，变成 8 个晶体管的子电路（图 5.111，清单 5.17）。对这个子电

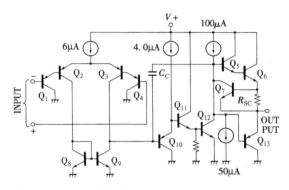

图 5.110　OP 放大器 LM358 的等效电路（电路 A）

路有关要点描述如下（为了避免混乱，这里，称图 5.110 所示电路为"电路 A"，称图 5.111 所示电路为"电路 B"）：

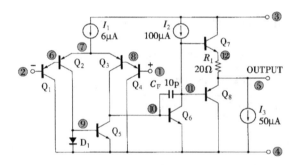

图 5.111　简化成 8 只晶体管后的等效电路（电路 B）

（1）电路 A 的 Q_8 与 Q_9 是电流镜像电路。在电路 B 中，Q_8 换成二极管。

（2）电路 A 的 Q_{10}、Q_{11}、Q_{12} 是三级达林顿连接。在电路 B 中，它换成 h_{FE} 很大的 1 个晶体管。

（3）电路 A 的 Q_5、Q_6 是达林顿射极跟随器。在负载较轻时（负载阻抗高），Q_5 可以省略，所以在电路 B 中，Q_5 已经省去。

（4）电路 A 的 Q_7 是电流限制电路。在图 5.108 的电路中，Q_7 是经常截止的，所以在电路 B 中 Q_7 已经省去。

（5）虽然电路 A 中的相位补偿电容 C_2 的数值不清楚，但根据开环增益的频率特性可以推断为 10pF。

依据清单 5.17 的电路文件所产生的输出电压（节点 5 的电压）与温度的关系特性的模拟结果表示在表 5.2 中。对于 50℃ 的温度变化，输出电压的变动为 0.2mV。在 10～40℃，输出电压模

```
Bandgap.cir -

Q1 1 1 0 QC3381
Q2 3 3 0 QC3381
R1 1 2    2.2K
R2 2 5    22.85K              ;R2=18K+4.85k
R3 3 5    2.2K
R4 4 5    100
R5 VCC 5 3.9K
X1 3 2 Vcc 0 4 LM358
Vcc Vcc 0 +5V

.model QC3381 NPN(IS=1E-14 IK=0.1
+     XTB=1.7 BF=400 RB=20 TF=0.9N
+     TR=36N CJE=34P CJC=18P VA=100
+     Eg=1.205)              ; Eg:Energy Gap
*                             Eg0 = 1.205 eV
*************************************************
* LM358 operational Amplifier subcircuit
*
* connections:   non_inverting input
*  *              | inverting  input
*  *              | | positive   power supply
*  *              | | | negative power supply
*  *              | | | | output
*  *              | | | | |
.SUBCKT LM358    1 2 3 4 5
```

```
Q1 4  2  6 QLateral
Q2 9  6  7 QLateral
Q3 10 8  7 QLateral
Q4 4  1  8 QLateral
Q5 10 9  4 QNPN
Q6 11 10 4 QDarlington
Q7 3 11 12 QNPN
Q8 4 11 5 QSubstrate
D1 9 4     DX
I1 3 7     6UA
I2 3 11    100UA
I3 5 4     50UA
Cf 10 11   10P
R1 12 5    20
.model DX D (IS=5E-15)
.model QNPN NPN(IS=5E-15 BF=200 TF=0.35N
+   CJE=1P CJC=0.3P CJS=3P RB=200 VA=130)
.model QDarlington NPN(BF=1E6)
.model QLateral PNP(IS=2E-15 BF=20 TF=30N
+   CJE=0.3P CJC=1P CJS=3P RB=300 VA=50)
.model QSubstrate PNP(IS=1E-14 BF=50 TF=20N
+         CJE=0.5P CJC=2P RB=150 VA=50)
.ENDS
*************************************************
.OP
.TEMP 0 10 20 30 40 50
.END
```

清单 5.17　带隙型稳压电路(图 5.108)的电路文件

拟结果为 1.2523V。比理论值[式(5.135)]约高 8mV。

表 5.2　模拟的输出电压与温度的关系

温　度/℃	输出电压/V
0	1.2521
10	1.2523
20	1.2523
30	1.2523
40	1.2523
50	1.2522

温度系数为 0 时的实测输出电压与理论值相同,为 1.244V。

5.12　斩波放大器

5.12.1　直流放大器的漂移

直流放大器的问题点是补偿电压与漂移。现在,由于有了相邻器件的温度差能够非常小的单片集成电路,即使是常见的通用 OP 放大器,也可使输入补偿电压为几毫伏,漂移为 $10\mu V/℃$。但是在没有 OP 放大器的时代,为了抑制补偿电压与漂移,一般都要用被称作"斩波放大器"的复杂电路。下面就来制作斩波放大器。

5.12.2　斩波放大器的原理

如图 5.112 所示,斩波放大器是将直流或低频信号变换成交流信号,然后用交流放大器进行放大,将其输出再变换成直流或低频信号的器件。

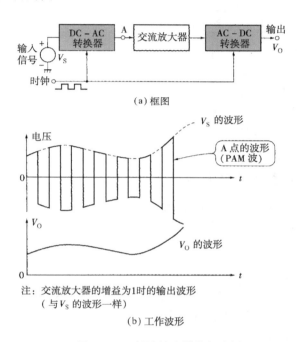

(a) 框图

(b) 工作波形

图 5.112　斩波放大器的概念图

1. 直流→交流变换器

参见图 5.113(a)。虽然方法有很多,但是这里采用的是利用电子开关的脉宽调制 PAM(pulse Amplitude Modulation)。在这里,将转换接点的电子开关与带有中间抽头的变压器进行组合,利用时钟对转换接点交替地进行转换。

由于该电路对信号进行了切割,所以称为斩波器(chopper)。

开关在接点 1 一侧时,信号源电压与变压器的次级输出电压的相位差为 0,当开关处在接点 2 一侧时,相位差为 180°。即可以得到振幅被信号源电压调制的矩形波[图 5.112(b)]。

2. 交流→直流变换器

如图 5.113(b)所示,将图 5.113(a)的输入与输出进行反接,取出 PAM 波的振幅(峰值)。但是图 5.113 的电路(a)与电路(b)的时钟相位必须一致。当两时钟相位一致时,电路(b)称为"同步整流电路"。

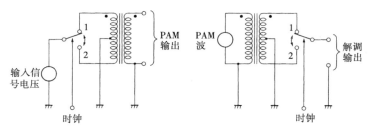

(a) DC-AC 转换器(PAM 调制电路)　　(b) AC-DC 转换器(PAM 解调电路)

图 5.113　DC-AC 转换器和 AC-DC 转换器

5.12.3　4 管斩波放大器

由"两个晶体管＋两个双 FET＋时钟产生电路"构成的斩波放大器表示在图 5.114 中。

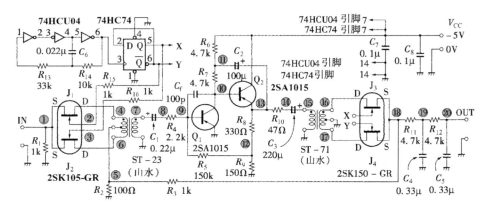

图 5.114　由分立半导体器件构成的斩波放大器

(1) DC→AC 变换部分。

它是由单片双 FET 的 2SK150 与山水/桥本电气(サンスイ/橋本電氣)生产的小型变压器 ST-23 构成。ST-23 与 ST-71 是多年以来以"ST 变压器"的名字,作为山水电气的晶体管用的变压器。在 1999 年,受到山水电气(株)的特许由桥本电气(株)制造出售。

(2)交流放大器。

它是 2 只 PNP 型晶体管。可参考第 3 章的双管反相放大器。采用 PNP 型的理由是为了使用负电源(−5V)。

(3)DC→AC 变换部分。

在图 5.113(a)所示的 DC-AC 变换部分的变压器中,初级绕组的中点接地,但在图 5.114 所示的实用电路中,变压器 ST-23 的初级绕组的中点连接到 R_2 与 R_3 的连接点(节点 5)。

就是说,通过 R_3,由输出加负反馈回到输入来改善失真系数。反馈量约为 20dB。

(4)AC→DC 变换部分。

它是 2SK150 与小型变压器 ST-71 的组合。连接到节点 18~20 的电容 C 与电阻 R 组成 LPF,其作用是消除在开关时产生的噪声。

(5)时钟产生电路。

首先用 74HCU04 产生 2kHz 的矩形波振荡,然后用 74HC74 对它进行分频,制作占空比为 50% 的 1kHz 矩形波。为了在 2SK150 的栅上加 −5V/0V 的矩形波。74HCU04 与 74HC74 的电压电平也必须取为 −5V/0V。虽然这是有些不正常的使用方法,然而,将 74HCU04 与 74HC74 的各个电源端子(引脚 14)接地,各个 GND 端(引脚 7)接到 −5V 电源。另外,为了做成逻辑 H 电平,要把 74HC74 的引脚 1 与 4 接地。

5.12.4 变压器的模拟

图 5.114 所示斩波放大器不用调整就可进行工作。但是,在对电路中使用的变压器进行模拟时必须注意的是,ST-23 与 ST-71 都是带有中间抽头的绕线比为 1∶1 的低频变压器。这些变压器的规格表示在表 5.3 中。

表 5.3 晶体管用小型驱动变压器 ST - 23 和 ST71 的规格

型 号	阻 抗		直流电阻		绕数比
	初级	次级	初级	次级	
ST - 23	2kΩ	2kΩ	300Ω	170Ω	1∶1
ST - 71	600Ω	600Ω	51Ω	55Ω	1∶1

　　用 50Ω 的信号源对 ST-71 进行驱动时,增益与频率的关系
(实测)示于图 5.115,位相与频率的关系(实测),示于图 5.116。
虽是重量为 14g 的小型变压器,但频率特性从 20Hz 开始规规整
整地扩展至 200kHz。

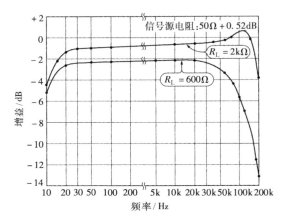

图 5.115 ST-71 的振幅频率特性(实测)

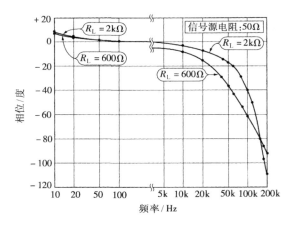

图 5.116 ST-71 的相位与频率的关系(实测)

　　为了对带有中间抽头的变压器进行模拟作为准备工作,考虑
图 5.117 所示的将两个线圈进行耦合的变压器。这个变压器的各
线圈的电压与电流遵守下述方程式:

$$\left.\begin{array}{l} V_1 = sL_1 I_1 + sMI_2 \\ V_2 = sMI_1 + sL_2 I_2 \end{array}\right\} \qquad (5.138)$$

式中,L_1 为线圈 1 的自感;L_2 为线圈 2 的自感;M 为线圈 1 与线

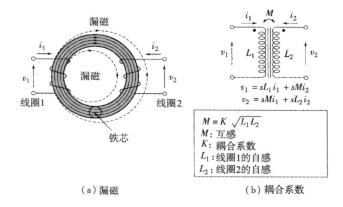

（a）漏磁　　　　　（b）耦合系数

图 5.117　变压器的漏磁和耦合系数 K

圈 2 的互感；s 为复数频率。

　　如果在一边的线圈发生的磁通量完全地与另一线圈相交链（即通过另一线圈的内部），则互感 M 可由下式给出：

$$M = \sqrt{L_1 L_2} \qquad\qquad (5.139)$$

　　但是实际的变压器如图 5.117 所示，存在与线圈没有交链的磁通量，即漏磁，所以互感 M 为：

$$M = K \sqrt{L_1 L_2} \qquad\qquad (5.140)$$

K 是被称为"耦合系数"的参数，其值在 $0 \sim 1$ 之间。如果漏磁为 0，则耦合系数 $K = 1$。要提高变压器的高频截止频率，必须使耦合系数尽可能地接近于 1。然而即使采取所有方法，也不可能做到使漏磁完全为 0，所以实际的变压器的耦合系数 K 一定是比 1 小的值。

　　为了对图 5.117 所示变压器用 SPICE 进行模拟，制作具有如下自感与耦合系数的子电路：

```
.SUBCKT TRANSFORME   1   2   3   4
L1     1      2      L₁ 的值
L2     3      4      L₂ 的值
K12    L1     L2     耦合系数 K 的值
.ENDS
```

　　另外，由于自感 L_1 以及 L_2 的值与线圈的匝数 n_1 以及 n_2 有关，所以给出满足这个关系的 L_1 与 L_2 的值：

$$\frac{L_2}{L_1} = \left(\frac{n_2}{n_1}\right)^2 \qquad\qquad (5.141)$$

根据上面指定的 L_1、L_2、K_{12} 的值,SPICE 可自动地计算互感 M 的值。

1. 带有中间抽头的变压器

考虑如图 5.118 所示的将三个线圈进行耦合的结构。各线圈的电压与电流遵守下述方程式:

$$\left.\begin{aligned} V_1 &= sL_1 I_1 + sM_{12} I_2 = sM_{13} I_3 \\ V_2 &= sM_{21} I_1 + sL_2 I_2 + sM_{23} I_3 \\ V_3 &= sM_{31} I_1 + sM_{32} I_2 + sL_3 I_3 \end{aligned}\right\} \tag{5.142}$$

式中

$$\left.\begin{aligned} M_{12} &= M_{21} = K_{12} \sqrt{L_1 L_2} \\ M_{23} &= M_{32} = K_{23} \sqrt{L_2 L_3} \\ M_{31} &= M_{13} = K_{13} \sqrt{L_1 L_3} \end{aligned}\right\} \tag{5.143}$$

式中,K_{ij} 为线圈 i 与线圈 j 的耦合系数。

对于子电路,可描述如下:

```
. SUBCKT TRANSFORMER  1  2  3  4  5
L1     1     2        L₁ 的值
L2     3     4        L₂ 的值
L3     4     5        L₃ 的值
K12    L1    L2       L₁ 与 L₂ 的耦合系数
K13    L1    L3       L₁ 与 L₃ 的耦合系数
K22    L2    L3       L₂ 与 L₃ 的耦合系数
. ENDS
```

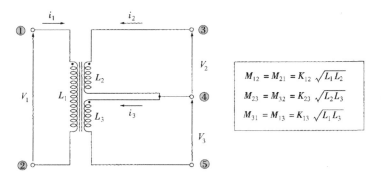

图 5.118 带有中间抽头的变压器

2. 变压器 ST-71 的等效电路

实际的变压器存在线圈的绕线电阻和分布电容等。图 5.119 是考虑了这些因素后的 ST-71 的等效电路。使用这个等效电路来计算 ST-71 的频率特性的电路文件表示在清单 5.18 中。

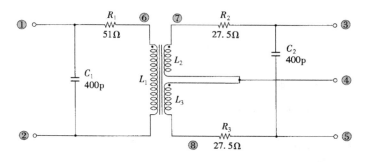

$$L_1 = 1.2H$$
$$L_2 = 0.3H$$
$$L_3 = 0.3H$$
$$K_{12} = 0.9992$$
$$K_{13} = 0.9992$$
$$K_{23} = 0.9995$$

图 5.119　变压器 ST-71 的等效电路

```
ST71.CIR- TRANSFORMER ST71          C2 3 5    400p
*                                   K12 L1 L2 0.9992
V1 100 0   ac 1                     K13 L1 L3 0.9992
Rs 100 1   50                       K23 L2 L3 0.9995
X1 1 0 2 0 3 ST71                   R2  7  3  27.5
RL 2 3 {rx}                         R3  8  5  27.5
                                    .ENDS
.SUBCKT ST71 1 2 3 4 5
   R1 1 6    51                     .param rx = 1
   C1 1 2    400p                   .step param rx list 600 2k
   L1 6 2    1.2                    .ac dec 50 1 200k
   L2 7 4    0.3                    .probe
   L3 4 8    0.3                    .end
```

清单 5.18　计算变压器 ST-71 频率特性
的电路文件

用该电路文件进行模拟的 ST-71 的增益与频率的关系表示在图 5.120 中,相位与频率的关系表示在图 5.121 中。增益特性与实测很好符合,但相位特性与实测稍有不同。

在低频段,相位旋转比实测大的原因是在工作状态的变压器各线圈的自感比推断的值($L_1 = 1.2H$, $L_2 = L_3 = 0.3H$)稍大的缘故。

在高频段的频率特性被耦合系数与线圈的分布电容所左右,但在图 5.119 中,因为将分布电容用集中的定量电容来近似,模拟的相位特性,即使在高频段与实测的相位特性也稍有不同。

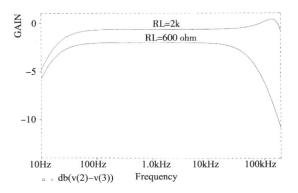

图 5.120 变压器 ST-71 的增益与频率的关系（模拟）

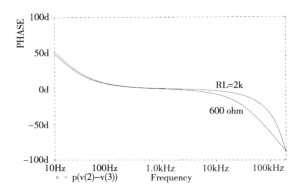

图 5.121 变压器 ST-71 的相位与频率的关系（模拟）

但是在 100Hz～100kHz 之间模拟与实测符合得相当好。

5.12.5 斩波放大器的模拟

若对图 5.114 所示电路原样进行模拟,则将耗费相当长的操作时间,所以将双管交流放大器换成图 5.112 所示电路,用清单 5.19 的电路文件进行模拟。输入振幅 20mV 的阶梯波后的输入、输出波形与节点 18 的波形表示在图 5.123 中。节点 18 的波形对输入波形无延迟地进行响应,但输出由于通过节点 18～20 之间的 LPF,所以上升变得迟钝。

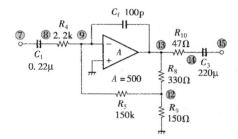

图 5.122　图 5.114 的双管放大器进行如此简化,然后进行模拟

```
chopperamp.cir

R1   1  0   1K
R2   5  0   100
R3   5  18  1k
J1   4  2  1  JK150GR
J2   6  3  1  JK150GR
X1   7  0  4  5  6  ST23
C1   7  8      0.22U
R4   8  9      2.2K
EAMP 13 0 9 0 -500
Cf   13 9    100p
R5   9  12   150K
R8   12 13   330
R9   12 0    150
R10  13 14   47
C3   15 14 220U
X2   15 0 16 0 17 ST71
J3   16 3 18 JK150GR
J4   17 2 18 JK150GR
R11  18 19   4.7K
C4   19 0    0.33U
R12  19 20   4.7K
C5   20 0    0.33U
Vcc  Vcc 0  -5V
Vin  1 0 pwl(1ms, 0)(1.01ms, 20mV)
Vs   2 0 pulse(0 -5 0.499ms 0.001ms
+            0.001ms 0.499ms 1ms)
Einv      100 0 2 0 -1
Voffset   3 100 -5V

********** 2SK150(GR) ******************
.MODEL JK150GR NJF (BETA=10m  VTO=-0.6
+              CGD=6p CGS=10p PB=8)
```

```
.SUBCKT ST23 1 2 3 4 5
  R1  1  6    300
  C1  1  2    500p
  L1  6  2    16
  L2  7  4    4
  L3  4  8    4
  C2  3  5    500p
  K12 L1 L2 0.9997
  K13 L1 L3 0.9997
  K23 L2 L3 0.9999
  R2  7  3    85
  R3  8  5    85
.ENDS

.SUBCKT ST71 1 2 3 4 5
  R1  1  6    51
  C1  1  2    400p
  L1  6  2    1.2
  L2  7  4    0.3
  L3  4  8    0.3
  C2  3  5    400p
  K12 L1 L2 0.9992
  K13 L1 L3 0.9992
  K23 L2 L3 0.9995
  R2  7  3    27.5
  R3  8  5    27.5
.ENDS

.TRAN 0.01ms 30ms 0 0.01ms
.PROBE
.LIB C:¥SPICE¥LIB¥BG1.LIB
.END
```

清单 5.19　斩波放大器(图 5.114)的电路文件

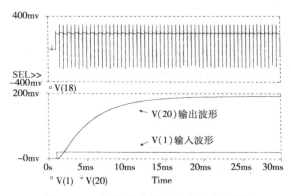

图 5.123　斩波放大器的阶梯响应(模拟)

如果提高 LPF 的截止频率,阶梯响应波形更为急陡地上升。但是为了充分地衰减节点 18 的开关噪声(周期为 1ms 的尖脉冲),必需降低截止频率。

权衡矛盾的两方面来决定截止频率。另外节点 18 的尖脉冲噪声是 1kHz 的时钟信号被 FET 的栅-漏间电容以及栅-源间电容微分后的结果。

如果减少加在 2SK150 的栅上的矩形波时钟信号的振幅,就能减少开关噪声。

1. 相位补偿电容

图 5.114 与清单 5.19 中的 C_f 是相位补偿电容。由于变压器的相位在 100kHz 以上发生急剧的延迟,所以确定 C_f 的值,使得环路增益的增益交点频率为 50kHz 以下。试一下将清单 5.19 的 C_f 变更为 33pF,则在节点 18 的波形上重叠了振荡波,这一点可由模拟得到确认。

5.12.6 印制电路板

印制电路板的图形表示在图 5.124 中,外观表示在照片 5.14 中,变压器 ST-23 与 ST-71 都安装在印制电路板上。图 5.125 中示出了两变压器引线颜色。具体的连线如下图所示:

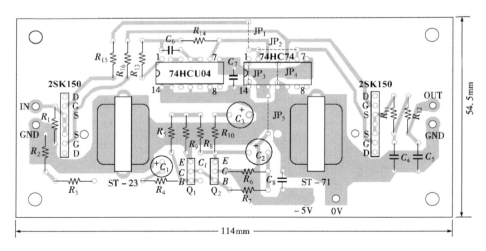

图 5.124 斩波放大器(图 5.114)的电路板
元件配置和印制线路图(铜箔面)

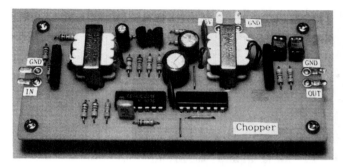

照片 **5.14**　斩波放大器的电路板

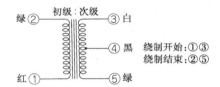

图 5.125　ST-23 和 ST-71 的引线颜色图示

ST-23		ST-71	
白线　…　节点 4		红线　…　节点 15	
黑线　…　节点 5		绿线　…　GND	
绿线　…　节点 6		白线　…　节点 16	
红线　…　节点 7		黑线　…　GND	
绿线　…　GND		绿线　…　节点 17	

2SK150（J_3 与 J_4）的栅进行如下连接：

J_3 的栅←74HC74 的引脚 5

J_4 的栅←74HC74 的引脚 6

由于使用了负电源,电解电容的极性与一般情况相反。

5.12.7　实测特性

该斩波放大器（图 5.114）的实测频率特性表示在图 5.126 中,实测失真系数特性表示在图 5.127 中。

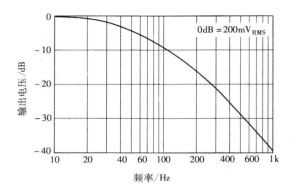

图 5.126 斩波放大器的频率特性（实测）

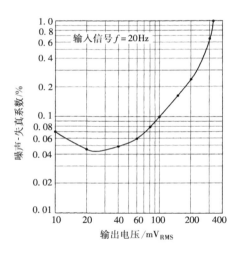

图 5.127 斩波放大器的失真系数特性

当结型 FET 的栅-沟道间电压处于 400mV 以上的正向偏置状态时，则由于流过其大小不能忽视的栅电流，所以最大输出电压充其量只能取 300mV$_{RMS}$ 左右。但是由于负反馈的作用，对于 100mV$_{RMS}$ 以下的输出电压，失真系数被抑制在 0.1% 以下。输出电压 100mV$_{RMS}$ 时的残留失真波形示于照片 5.15。

照片 5.16 是 20Hz 的矩形波响应。上升的样子与模拟的阶梯响应完全相同。加入 20mV 直流电压后的节点 14 与节点 18 的电压波形表示在照片 5.17 中。

在信号源电阻为 50Ω 时实测的输入补偿电压为 20μV，在信号源电阻为 1kΩ 时为 120μV。

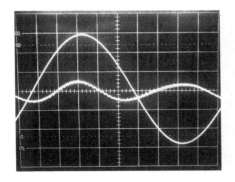

照片 **5.15**　斩波放大器的输出
电压为 $100mV_{RMS}$ 时的波形和
残留的失真波形

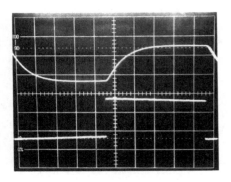

照片 **5.16**　斩波放大器对 20Hz 的矩形波的响应
上图为输出波形,下图为输入波形,
时间轴为 5ms/div.

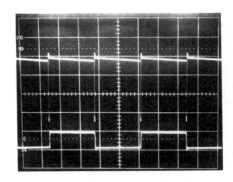

照片 **5.17**　上图为节点 18 的电压波形,下图为节点 14 的电压波形
时间轴为 0.2ms/div.

印制电路板的简便制作法

1. 经济且快速——手工画法

　　下面介绍印制电路板的制作方法，印制板的大小是利用本书刊登的原来尺寸的图形。在各种方法之中经济且快速的方法是在电路板的铜箔上手工画图形的方法。现在介绍该法。

2. 需准备的材料

　　（1）单面铜箔电路板。

　　电路板的材质有酚醛纸和环氧玻璃等。如果是实验用电路板，用酚醛纸（也称为胶木板、酚醛塑料）就足够了。

　　（2）油性毛毡笔。

　　专用的抗蚀笔或者文具店里卖的极细的油性毛毡笔（照片 A1）

照片 A1　市售的抗蚀笔和油性毡笔

　　（3）腐蚀液。

　　是 200～1000ml 装的瓶装氯化亚铁溶液。在电子元件店等处有售。

　　（4）塑料容器。

　　是浸泡腐蚀液和印制电路板的容器。可以使用市售的食品盒。盒子的大小应比制作的印制电路板稍大一些。深度在 5cm 左右就可以。

（5）小型电钻。

对于 ϕ1.5mm 以下孔，用小型钻孔器，ϕ1.5mm 以上的孔用 200W 左右的电钻或者手摇钻来开孔。

（6）穿孔器。

（7）刷子。

装有研磨材料的尼龙刷子（海绵刷子）和钢刷子。

（8）切割刀。

3. 电路板的制作

1. 描绘印制线路图

（1）首先，复印本书中的电路板图形图，将它分切开用玻璃胶带纸贴在电路板的铜箔面上（图 A1）。

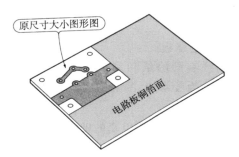

图 A1　将原尺寸大小图形覆盖在
铜箔面上用玻璃胶带进行固定

（2）在开孔的位置打击穿孔器来打上印记（图 A2）。

（3）用线锯或者金属锯切开电路板，剥离玻璃胶带纸。

（4）由于在电路板上残留有胶带纸的胶和手指纹等脏物，在尼龙刷子上蘸些水（中性洗涤剂也可以），将表面擦净。

（5）充分水洗并干燥。

（6）用油性毛毡笔在穿孔机打印记的地方，在铜箔面上画出图形（照片 A2）。如在画出图形的地方有露出铜箔的部分，则要重新涂画。画坏的图形用切割刀削去，再次画出图形。

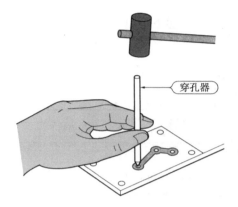

图 A2 在图形图上打击穿孔器作印记

照片 A2 在铜箔上画出图形后的情形

2. 腐 蚀

（1）在电路板放入塑料容器的底部，将铜箔面朝上。

（2）缓慢注入腐蚀液（约 200ml）。

（3）用夹子等夹着电路板轻轻摇动，使溶液浸润到电路板的铜箔面上。

（4）在铜箔表面的空气气泡完全消失之后，将电路板向内翻转。这样，电路板就浮在溶液的表面（图 A3）。

（5）在容器上盖上盖子，避免空气中的灰尘落到溶液中。

（6）腐蚀 10～30 分钟左右。如时间过长，被覆盖的图形会被侵蚀。如从电路板的正面能够透视看到图形就把电路板提出来。腐蚀需要的时间随温度和溶液的新鲜程度等的不同而有很大差异，所以必须每隔 5 分钟左右检查一次。溶液温热一些能缩短腐蚀时间，但也易侵蚀图形，所以应该尽可能避免加热。

（7）提出电路板后，用自来水充分冲洗电路板。直到冲洗过

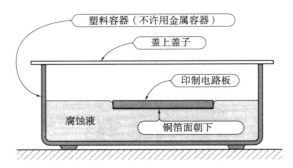

图 A3 将电路板的铜箔面朝下浮置

（如放置得当,由于腐蚀液的表面张力电路板会浮置起来）

的水完全透明为止。

（8）用尼龙刷子或者海绵刷子将图形的覆盖膜剥落,一边冲水,一边用尼龙刷子磨擦电路板。

（9）最后再次用水冲洗并干燥(照片 A3)。

照片 A3 进行水冲洗然后干燥后的电路板

（10）用过的腐蚀液密封保存在玻璃或者塑料容器中,可以使用3～4次。溅到衣服上的腐蚀液染色,不能去掉,所以请小心注意。

（11）氯化亚铁是有害的。在サンハヤト公司的腐蚀液中同时附带有废液处理材料,请按照说明书的指示进行处理。另外,也有回收废液的商店。

3. 图形错误的检查

手描图形的大部分错误是相邻的图形的短路。将相连部分(桥路)的铜箔用小刀刮去即可。

4. 开 孔

小信号放大用晶体管,DIP 型 IC,1/4W 电阻、电容等的孔径

为 $\phi 0.8$,功率晶体管和整流用二极管的孔径为 $\phi 1.0$,接头安装孔为 $\phi 2.0$。

　　5. 接头端子的安装

　　如图 A4(a)所示,使用 $\phi 2.0$ 的带舌片的扣眼。如图 A4(b)所示,用 $\phi 5\sim 6$ 的钻头将扣眼固定在电路板铜箔面后进行焊接。最好用 20W 左右的陶瓷加热器型的烙铁。

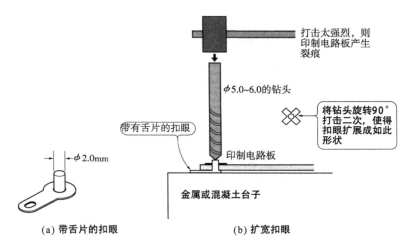

图 A4　电路板的端头用 $\phi 2.0$ 的带有舌片的扣眼

4. 描画厚覆盖膜的方法

　　用油性毛毡笔画图形的方法是很方便的,但由于覆盖膜较薄,存在腐蚀中容易剥落的缺点。另外,在画接地图形那样大面积的图形时,墨水的消耗也很快,不经济,消除这些缺点的方法介绍如下。

　　(1) 将透明漆(硝化纤维漆)250ml 与油性木材染色剂 250ml 相混合。成为茶色的有适当黏性的油性墨水,将其密封在其他的玻璃瓶中备用。

　　(2) 将配制好的油性墨水倒入直径约 2cm 的浅容器中 2～3ml。

　　(3) 用削尖的笔蘸上这种墨水,在铜箔面画图形。

　　(4) 余下的墨水倒回原来的瓶中。

　　即使在 1 年内制作 20 枚 10cm×10cm 的单面电路板,1 瓶(500ml)这种墨水也足够使用 10 年以上。

参考文献

[1] David Packard ；"The HP Way", Harper Collins Publishers, Inc.

[2] P. Antognetti & G. Massobrio ；Semiconductor Device Modeling with SPICE, pp. 41 ～46, McGraw-Hill, Inc., 1988.

[3]* 前掲書(2)のp.102.

[4] ㈱日立製作所；79 Semiconductor Data Book　トランジスタ・ダイオード, p.99, 1979.

[5] 前掲書(2)のp.52

[6] Early, J.M.；Effects of Space-charge Layer Widening in Junction Transistors, Proc. IRE, Vol. 40, pp.1401～1406, Nov., 1952.

[7]* 米国半導体教育委員会著, 牧本次生訳；トランジスタの物理と回路モデル, 初版, p.42, 産業図書, 1969.

[8] O. A. Horna；遅延時間1nsの高速ボルテージフォロワ, 電子回路設計アイデア集, 1978年, p.18, 日経マグロヒル社.

[9] Miller, J. M.；Dependence of the Input Impedance of a Three-electrode Vacuum Tube upon the Load in the Plate Circuit, National Bureau of Standard (U.S.) Res. Papers,Vol.15, no.351, pp.367～385, 1919.

[10] P. R. グレイ/R. G. メイヤ共著；超LSIのためのアナログ集積回路設計技術(下), 初版, p.172, 培風館, 1990.

[11] B. Gilbert ；A Precise Four-Quadrant Multiplier with Subnanosecond Response, IEEE Journal of Solid-State Circuits, Vol. SC-3, pp.365～373, December 1968.

[12] 黒田徹；実験トランジスタアンプ設計講座, ラジオ技術, 1989年10月号, p.102, アイエー出版.

[13] M. E. Van Valkenburg, 柳沢健監訳, アナログフィルタの設計, 初版, pp.407～417, 秋葉出版, 1986.

[14] 上掲文献(13)のpp.609～611, pp.618～621

[15] 黒田徹；実験トランジスタアンプ設計講座, ラジオ技術, 1991年10月号, pp.78～81, アイエー出版.

[16] P. Antognetti & G. Massobrio ；Semiconductor Device Modeling with SPICE, pp.117～141, McGraw Hill, Inc., 1988.

[17] 黒田徹；スイッチングひずみを捕えた, 発生メカニズムと対策法を見つける, ラジオ技術, 1983年7月号, pp.64～73, ラジオ技術社.

[18]* 黒田徹；基礎トランジスタアンプ設計法(第2版), p.235, ラジオ技術社, 1990.

[19]* P.R.グレイ/R.G.メイヤ共著；超LSIのためのアナログ集積回路設計技術(上), 初版, p.276, 培風館, 1990.

[20] 前掲書(16)のp.128.

[21] S.ローゼンスターク著, 奥沢熙訳；フィードバック増幅器の理論と解析, 現代工学社, 初版, 1987.

[22]* 戸室晃一；トランジスタ直流増幅器(産報・電子科学シリーズNo.19), 第3版, pp. 69～70, ㈱産報, 1969.

[23]* Linear Databook Vol. 1, pp. 2～396, National Semiconductor Corp., 1987.